KB121678

과학, 리플레이

과학, 리플레이

1판 1쇄 발행 2016년 7월 8일 | 1판 7쇄 발행 2020년 9월 7일

지은이 가치를꿈꾸는과학교사모임
펴낸이 조재은 | 펴낸곳 (주)양철북출판사
등록 제25100-2002-380호(2001년 11월 21일)
편집 박선주 김명옥 | 일러스트 및 표지 본문 디자인 신병근
디자인 육수정 | 마케팅 조희정 | 관리 정영주
주소 서울시 마포구 양화로8길 17-9
전화 02-335-6407 | 팩스 0505-335-6408
ISBN 978-89-6372-209-2 03400 | 값 12,000원

카페 cafe.daum.net/tindrum
블로그 blog.naver.com/tin_drum
페이스북 facebook.com/tindrum2001
잘못된 책은 바꾸어 드립니다.

과학
선생들의
현실 탐구

과학,
Re 리플레이

가치를꿈꾸는과학교사모임 지음

양철북

과학 선생들이 세상의 과학 이슈들에 리플레이 버튼을 눌렀다! 우리나라 프로야구에 심판 합의 판정이라는 제도가 있다. 정확하게 알 수 없는 상황에서 심판의 눈과 판단에만 의존하다 보면 잘못된 판정을 하기 일쑤인데, 이때 여러 카메라가 다양한 각도에서 찍은 영상을 계속 리플레이 하면서 제대로 판단하는 제도다. 우리 과학 선생들도 복잡한 세상의 문제들을 성급하게 판단하는 걸 잠시 멈추고, 과학의 눈으로 명쾌하게 따져 보려고 한다.

앞서 펴냈던 《과학, 일시정지》 이야기를 하지 않을 수 없다. 앞만 보고 달리는 현대 과학에 브레이크를 걸고 일상 속 과학 문제를 짚어 보며 과학이 나아갈 길을 고민하며 쓴 책이었다. 과분하게도 많은 사람들이 이 책을 읽고 공감해 주었다.

7년이 지난 지금, 현대 과학은 여전히 앞만 보며 달리고 있고, 그래서 꼼꼼히 살펴보고 고민해야 할 문제들이 더 많이 생겨났다. 그래서 과학 선생들은 치열하게 고민하며 날을 조금 더 뾰족하게 세우기로 했다. 《과학, 리플레이》는 최근의 여러 가지 문제에 담긴 과학 지식을 청소년 독자들이 이해하기 쉽게 풀어내, 우리 주변에서 일어나고 있는 수많은 이슈들에 대해 독자 스스로 파악해서 판단할 수 있게 돕는다.

어른들이 요즘 아이들은 고민이 없거나 생각이 짧다고 쉽게 말하는데, 학교에서 아이들과 이야기해 보면 결코 그렇지 않다는 걸 알 수 있다. 몇 년째 계속 이야기되고 있는 가습기 살균제 문제를 교실에서 함께 고민해 보았다. 아이들은 교과서에도 없고 답이 있는 것도 아니라서 처음에는 당황스러워하기도 했지만, 이내 "부모님께 가습기 살균제가 얼마나 위험한지 자세히 알리겠다" "문제를 일으킨 회사 제품을 사지 않는 불매 운동에 참여하겠다" "가습기 살균제 성분이 물티슈에도 들어 있다는데 앞으로 틴트를 지울 때 자제해야겠다" 같은 이야기를 하며 스스로 해답을 찾아냈다.

또 배아 복제 문제를 이야기할 때, 배아가 세포라는 아이들이나 배아가 인간이라고 하는 아이들이나 모두 생명을 소중히 여기는 마음은 똑같았다. 아이들이 이야기하는 모습을 보면서, 결정하는 것만큼 중요한 것은 결정에 이르는 과정이라는 것을 새삼 깨닫는다.

과학 지식을 많이 안다고 잘 살 수 있는 건 아니다. 하지만 모든 일에 있어 제대로 판단하고 결정하려면 과학적이고 합리적으로 따져 보는 과정이 꼭 필요하다. 이 책은 어렵게 생각하는 과학을 쉽고 편안하게 풀어 가면서 논쟁이 되는 문제를 여러 각도에서 균형 있게 살펴, 독자가 스스로 판단할 수 있게 돕는다. 어느 쪽을 선택하든 정답은 없다. 이 책을 따라가다 보면 책에 담기지 않은 이슈에 대해서도 어떻게 봐야 하는지 자신만의 관점을 세울 수 있을 것이다.

이 책의 또 다른 특징은 각 장마다 이야기로 시작한다는 것이다. 대부분 실화를 바탕으로 이야기를 짰는데, 문제가 되는 주제들이 먼 나라 이야기가 아니라 나와 내 이웃 이야기라는 것을 생생하게 느낄 수 있을 것이다.

아무쪼록 이 책을 읽는 독자들이 과학 이야기가 교과서나 실험실에만 있는 것이 아니라 우리가 사는 세상 속에 있다는 것을 알게 되면 좋겠다. 그리고 민주 시민으로서 우리 사회에서 일어나고 있는 과학 이슈에 대해 함께 고민하고 다양한 주장과 그 주장에 따른 근거들을 두루 파악해 지혜롭게 스스로의 관점을 세워 나가기를 희망한다.

2016년 7월

정행남

차례

1

강 살리기와 물 관리

청개구리의 거짓말

아들 청개구리의 선택은?

산 좋고 물 좋은 땅에 '청와국(靑푸를 청 蛙개구리 와 國나라 국)'이라는 개구리 나라가 있었어요. 이 나라에는 삼수갑산 얼씨구절씨구 좋은 곳도 많은데 유독 '강남천(江南川)'이라는 곳에만 개구리들이 몰려 살았어요. 처음에는 이곳이 참 살기 좋았지요. 강남천에는 맑은 물이 풍부하고 주변에 짱짱한 갈대, 부들, 물억새, 왕골, 쑥부쟁이 같은 식물이 많아서 숨거나 알을 낳기도 좋았거든요. 다양한 곤충이 모여들어 먹이도 참 많았지요. 강남천이 좋다는 소문이 나면서 참개구리네 식구, 옴개구리네 식구, 무당개구리네 식구 들이 여기저기서 모여들었어요. 물가는 점점 비좁아지고 날마다 자리와 먹이 다툼으로 시끄러웠어요.

강남천 개울이 살기 좋다는 소문은 아들 청개구리를 키우며 어렵게 살아가던 엄마 청개구리 귀에까지 들렸어요. 엄마 청개구리는 일찍 남편을 여의고 아들 청개구리만 바라보며 하루하루 열심히 살고 있었죠. 강남천이 살기 좋을 뿐만 아니라 좋은 학원도 많다는 소문에 엄마는 이사를 가기로 마음먹었어요.

어렵게 강남천으로 이사를 왔건만, 아들 청개구리는 그곳이 싫었어요. 예전 동네에서는 친구들하고 먹이도 잡고 연잎 사이를 폴짝폴짝 뛰어다니며

늘 즐거웠는데, 여기 와서는 친구도 없고 날마다 해야 할 일이 너무 많았어요. 엄마 청개구리가 옆집 아줌마한테서 알아낸 '엘리트 개구리 양성 학원'을 하루에 서너 군데나 다녀야 했거든요. 공부할 과목도 엄청 많아졌어요. 외래종 먹이 구별하기, 외국어 노래로 이성 개구리 꼬시기, 뒷다리 근육 단련하기, 냄새로 독극물 판별하기……. 가장 마음에 안 드는 건 엄마 청개구리가 학원비 번다고 아침 일찍 나가 밤늦게, 완전히 지쳐서 돌아오는 거예요. 아들 청개구리는 엄마한테 고향으로 돌아가자고 사정도 하고 울어 보기도 했지만 엄마 청개구리는 강남천이 좋다고 도통 마음을 바꾸지 않았어요.

그래서 아들 청개구리는 아주 강력한 방법을 쓰기로 했어요. 앞으로 엄마가 말하는 것은 무조건 반대로 하겠다고 마음먹었어요. 아들 청개구리는 엄마 말에 반대로 행동하면 엄마가 자신의 말을 들어줄 거라고 생각했어요. 그래서 동쪽으로 가라고 하면 서쪽으로 가고, 빨강 티셔츠를 입으라면 파랑 티셔츠를 입고, 벌레 잡으라면 잡은 벌레 다 놓아주고, 앞으로 멀리 뛰라고 하면 뒤로 성큼 물러나고, 노래하라 하면 입을 꼭 다물고, 친구들과 사이좋게 지내라고 하면 친구 때리고, 공부하라면 더 놀았죠.

아들 잘되라고 고향 떠나 멀리 와서 고생하는 엄마 청개구리는 나날이 걱정이 늘어 갔어요. 고향에서 공부는 못해도 밝고 예의 바르던 아들이 날이 갈수록 점점 더 말썽쟁이가 되어 가니 걱정이 태산 같았죠. 사실 엄마 청개구리에게는 말 못 할 사정이 있었어요. 청개구리 모자가 살던 고향 마을 '아라리'는 수풀이 우거지고 살기 좋은 작은 연못이었어요. 조상 대대로 이 연못에서 살아온 청개구리 식구에게 시련이 닥친 것은 10년쯤 전이었지요. 비극은 옆 마을 '너시리'에서 시작되었어요. 기후변화로 가뭄은 심해지는데 개구리 식구들이 갑자기 많아지자, 오랫동안 물이 모자라서 힘들었던 너시리 마을에서 물을 더 많이 갖기 위해 아라리 연못으로 흘러드는 물길을 막아 버린 거예요. 그러자 아라리 연못은 아주 빠른 시간 안에 말라 버렸고 주변 생태계도 엉망이 되었죠.

아라리 마을 개구리들은 너시리에 찾아가서 아라리 연못이 말라 가니까 물길을 열어 달라고 말했어요. 하지만 물길을 막고 나서 사는 게 나아진 너시리 마을 개구리들은 아라리의 요구를 묵살했지요. 아라리는 힘없는 작은 마을이라며 무시해 버린 거예요. 고향 마을을 사랑했던 아빠 청개구리는 이때부터 시위에 앞장서고 언론에도 아라리의 상황을 알렸어요. 그제야 너시리 마을에서 물길을 아주 조금만 슬그머니 열었어요. 하지만 한번 망가진 아라리의 생태계를 살리는 것은 너무나 어려웠고 결국 마을 청개구리들은 뿔뿔이 흩어졌지요.

아빠 청개구리는 이때 얻은 암으로 하늘나라로 가고 말았어요. 사실은 엄마 청개구리도 아빠를 간호하다 화병이 나서 살날이 얼마 남지 않았답니다. 그래서 엄마 청개구리는 아들이 달라진 환경에도 잘 적응해서 살 수 있게 가르쳐서 아빠처럼 억울한 일을 겪지 않기를 바란 거예요. 그런데 이곳 강남천도 소문과는 달리 이미 많이 오염된 데다가 갈수록 생태계가 파괴되어 아들 청개구리가 오랫동안 안전하게 살 수 있는 곳이 아니었어요. 죽을 날을 앞둔 엄마 청개구리는 하루하루 초조한데 아들 청개구리까지 속을 썩이니, 아침마다 이대로 딱 눈을 감고 싶은 마음에 눈물 흘리는 날이 많았지요.

그런데 얼마 전 제법 큰 건설 회사에 다닌다는 아빠 청개구리의 오랜 친구가 찾아왔어요. 아빠 친구는 엄마 청개구리의 딱한 처지를 듣더니 마침 좋은 기회가 있으니 투자를 해 보라고 귀띔해 주었어요. 청와국 정부가 가장 큰 개울에 엄청난 공사를 한다는 거예요. 그 공사가 끝나면 물이 맑아지고 풍부해질 뿐만 아니라, 자연 친화적으로 공사하기 때문에 식물과 곤충도 많아져서 살기가 좋아진다는 거예요. 아직 공사 발표를 안 했으니 알려지기 전에 얼른 개울 둘레에 있는 땅을 사 두라는 고급 정보였어요. 엄마 청개구리는 며칠 동안 고민하다가 결국 아들을 위해서 집을 팔아 개울 둘레에 있는 땅을 샀어요.

그리고 얼마 뒤, 죽음을 앞둔 엄마 청개구리는 아들 청개구리를 불러 유언을 남겼어요.

"아들아, 내가 죽거든 양지 바른 산이 아니라 개울가에 묻어 다오."

엄마 청개구리는 이 말을 남기고 아들 걱정에 차마 눈도 감지 못하고 세상을 떠났어요. 아들 청개구리는 뒤늦게 자신의 잘못을 후회했지만 이미 엄마는 세상에 없었어요. 아들 청개구리는 크게 뉘우치는 마음으로 내키지는 않지만 엄마의 마지막 소원을 들어 드리기로 했어요.

그런데 장례식 날, 뒤늦게 엄마 청개구리가 죽었다는 소식을 들은 친척들이 사방에서 모여들더니 큰 소란이 벌어졌어요. 한 무리의 친척은 엄마 청개구리를 개울가에 묻어야 한다고 했고, 다른 무리는 엄마 청개구리를 개울가에 묻어서는 안 된다고 했어요. 친척들은 팽팽하게 나뉘어 논쟁을 벌였어요. 개울가에 묻어야 한다는 친척들은 엄마 청개구리가 묻힐 땅 둘레는 물도 풍부해지고 자연 생태계도 잘 만들어져서 아들 청개구리를 비롯해 대대손손 살기 좋은 땅이 될 것이기 때문에, 그곳에 겨울잠 호텔을 근사하게 지으면 돈을 많이 벌 수 있다고 목소리를 높였어요. 또 다른 친척들은 공사가 끝나면 개울은 물이 잘 흐르지 못하는 거대한 물웅덩이가 되어, 주변에 풀이나 먹이도 사라지고 지하수의 수면도 올라가서 엄마 청개구리의 무덤이 물에 잠길 거라며 결사반대했어요.

아들 청개구리는 엄마의 죽음을 슬퍼할 겨를도 없이 친척들 사이에 끼어 이러지도 저러지도 못했어요. 때마침 아들 청개구리의 마음을 알기라도 하듯 하늘에서는 굵은 빗방울이 뚝뚝 떨어졌어요. 아들 청개구리는 슬픈 마음에 "갸루루르 갸루르" 울어 댔어요. 어이쿠, 외국어 공부 때문에 혀가 꼬부라져 울음소리도 엉키네요.

개울가에 사는 청개구리네 이야기를 잘 읽으
셨나요? 아들 청개구리는 엄마 청개구리를 어디에 묻어야 할까요?
청개구리처럼 우리 인간도 오랫동안 강에 의지해서 살고 있어요. 그
리고 강을 개발하는 것을 긍정적으로 볼 것인가 부정적으로 볼 것인
가 하는 문제는 이야기 속 청개구리뿐 아니라 인간에게도 어렵고 중
요한 문제랍니다.

인간과 강이 함께 살아온 이야기

고대 문명은 강을 중심으로 발달했어요. 이집트, 인더스, 황하, 메소
포타미아 문명 모두 강을 중심으로 발달했지요. 인간이 살아가는 데
왜 강이 중요할까요? 도시가 발달하기 위해서는 먹는 물과 산업이나
농업에 쓸 물이 충분히 있어야 해요. 그리고 강에 배를 띄워 물건을
실어 나르는 일이 손쉬워야 합니다. 하지만 강이 가까이 있으면 홍수

때 물에 잠기기 쉬우니까 그것도 대비해야 했어요. 그래서 인류는 일찍이 강의 범람이나 가뭄의 피해를 막는 치수(治水), 쓸 물을 퍼 올리거나 배를 띄우는 데 강을 이용하는 이수(利水), 강 둘레를 잘 활용해 쾌적한 환경을 꾸미고 경제적으로도 이득을 얻는 친수(親水), 이 세 가지를 살피면서 강을 계속 개발해 왔습니다.

우리나라도 도시 문명이 잘 발달했어요. 도시에는 인구가 빠르게 늘어나기 때문에 오물도 빠르게 증가한답니다. 과거에는 오물을 텃밭에 뿌리거나 거대한 구덩이에 파묻거나 물에 흘려보내는 것으로 처리했는데, 지금도 크게 다르지는 않아요. 특히 물에 흘려보내는 방법이 가장 일반적인데, 평양이나 경주에서 고대 하수로의 흔적이 발견되었고 조선 시대에도 골목길 양쪽에 나란히 하수로가 발달했어요.

특히 청계천은 조선의 수도인 한양의 더러운 물과 빗물을 흘려보내는 구실을 해 왔답니다. 1900년대 초 자료를 보면, 청계천은 전형적인 초기 하천의 모습이에요. 구불구불하게 흐르는데 자갈과 모래 바닥이 흔히 보이지요. 청계천은 조선 초기부터 주변에서 흘러내린 흙과 모래뿐 아니라 나무를 때고 난 뒤의 재와 온갖 오물이 쌓여 강바닥이 높은 편이었어요. 강바닥이 높아지면 위생에도 문제가 있을 뿐만 아니라 홍수 위험도 높아지지요. 그래서 태종과 세종 때 두 번이나 개천 공사를 했고, 영조 때는 강바닥을 파내는 엄청난 공사를 했는데 파낸 흙이 거대한 산을 이룰 정도였다고 해요. 그리고 개천 양쪽에 돌을 쌓고 버드나무를 심어, 흙이 흘러내려 둑이 무너지는 일에 대비

했지요. 해방이 되고 난 뒤에는 도로와 집 지을 땅을 확보하기 위해 청계천 위를 콘크리트 뚜껑으로 덮어서 아래는 하수관을 설치하고 위로는 자동차 도로를 만드는 복개 공사를 했어요. 햇볕을 받을 수 없었던 청계천은 한동안 생태적으로 완전히 죽은 공간이 되었지요.

그렇게 40여 년이 지난 뒤 하천을 생활환경으로 포함시켜 삶의 질을 높이고자 하는 친수 기능이 강조되면서, 2005년에 콘크리트 뚜껑을 걷어 내고 다시 물이 흐르도록 청계천을 복원했어요. 그 뒤 청계천은 시원한 물이 흐르는 도심 속 명소가 되었지요. 그런데 사실은 자연 상태의 물이 흐르는 것이 아니라 한 해에 100억 원을 들여 날마다 지하수 2만여 톤과 한강 물과 중랑천 하수처리장에서 정화한 물 7만여 톤을 끌어다가 흘려보내고 있답니다. 물의 양을 어느 정도 유지하기 위해서는 하루 9만 톤쯤 되는 물이 필요하기 때문이지요. 게다가 물살이 빨라서 수생 생물이 숨거나 쉴 공간이 부족하고 동식물이 자리 잡기도 어려워요. 그래서 청계천을 두고 '하천 복원'이라고는 하지만 '자연 하천 복원'이라고 하기는 어렵습니다.

자연재해를 막는 게 급선무!

사람들이 복원된 하천에서 시원하고 쾌적한 친수 생활을 맛보면서 강에 대한 관심이 높아졌어요. 그래서 정부는 2008년에 한강, 금강, 영산강, 낙동강을 정비하는 4대강 사업을 발표하고, 2009년에 공사를 시작했어요. 이 사업은 기후변화로 생기는 홍수, 가뭄, 기온 상승에 대비해 풍부한 수자원을 확보하고 친환경적이고 생태적인 지역 개발을 하겠다는 목적을 갖고 있었어요. 이 사업을 이해하려면 먼저 '보'와 '준설'부터 알아야 해요.

우리나라는 여름에 집중적으로 비가 많이 와서 홍수가 자주 일어나요. 이를 막기 위해서는 퇴적물이 두껍게 쌓여 있는 강바닥을 깊이 파내어 물이 잘 흐르게 하는 준설 공사를 해야 합니다. 역사적으로도 영조의 업적 가운데 하나가 청계천 준설이었지요. 준설을 해서 4대강의 바닥을 평균 1m 정도로 파내어 강이 물을 담을 수 있는 용량을 키우면 홍수에 대비할 수 있어요. 하지만 이렇게 바닥을 파내어 4대강의 수위가 내려가면 이들을 잇는 중소형 하천의 수위도 같이 내려가는 문제가 생긴답니다.

우리나라 하천을 살펴보면 전국 하천 가운데 4대강이 속한 국가 하천은 5%밖에 되지 않아요. 지방 하천이나 소하천이 95%나 되지요. 국가 하천의 수위가 낮아져서 지방 하천이나 소하천의 수위도 낮아지면 비가 적게 올 때는 마실 물도 모자라고 농작물에 물을 대기도 힘들어요. 그래서 홍수 때가 아닌 보통 때, 특히 갈수기에는 물을 충

전국 하천 길이

	전체 하천	국가 하천	지방 하천	소하천
길이(km)	64,901	3,260	26,936	34,705
비율(%)	100	5	41.5	53.5

4대강 정비 개발 현장

분히 가둬 두어 수위를 높일 수 있는 장치가 필요하지요. 이런 장치가
보예요. 시골에 가면 농경지에 물을 대려고 하천을 가로막은 작은 콘
크리트 구조물을 흔히 볼 수 있는데 이것이 바로 보랍니다. 보통 보에
는 흘려보내는 물의 양을 조절하는 수문이 없어요. 보에 막혀 가둬진
물의 양이 많아지면 자연스럽게 넘쳐흐르게 되지요. 보에는 한쪽 끝
이나 중간 부분에 높이를 1~2m쯤 낮춰 놓은 홈이 있는데 보통 이곳

으로 물이 흐르도록 설계되어 있어요. 4대강에는 평소에는 풍부한 물을 확보하고 있다가 홍수 때는 수문을 열어 흘려보낼 수 있게 만든 보가 열여섯 개 있는데 높이가 10m쯤 됩니다.

4대강 개발은 물 확보나 홍수 대비만을 위한 게 아니에요. 4대강 둘레를 정리하면서 자전거 도로를 만들어 녹색 관광의 시대를 열었어요. 공사가 끝난 뒤에는 4대강 전 구간을 중심으로 가까운 지역과 연결해 '4대강 국토 종주 자전거길 인증제'를 시행하고 있어요. 게다가 4대강 주변에 캠핑장이나 숙박업소를 만들고 둘레길을 개발해 지역 경제가 활발해지는 데 힘쓰고 있답니다.

자연 하천에 콘크리트를 바르다니!

하지만 4대강 사업은 발표할 때부터 개발의 필요성과 효과가 분명하지 않았어요. 4대강 개발은 '우리나라는 물 부족 국가'라는 이야기에서 출발하는데, 이 이야기가 타당하지 않기 때문이지요.

우리나라가 물 부족 국가라고 알려진 근거는 국제인구행동연구소(PAI)의 보고서예요. 이 보고서에서는 연간 1인당 물 사용 가능량이 100만 리터 미만인 경우 물 기근 국가로, 170만 리터 이상이면 물 풍요 국가로, 그 사이는 물 부족 국가로

분류했는데 우리나라는 2050년에 120만~130만 리터로 예상되기 때문에 물 부족 국가라는 거예요.

그런데 이 보고서는 인구가 늘어나면서 물이 부족해지는 것을 경고하는 게 주된 목적이라서 국토 면적과 인구 밀도와 강우량만 반영했을 뿐, 지역별 계절 특성이나 수도 보급률, 수질, 물 이용 효율, 운영 기술 등을 반영하지 않은 단순한 결과라는 지적도 받고 있어요. 그리고 세계 물 포럼에서 발표한 물 빈곤 지수를 보면, 한국은 147개국 가운데 43위로 물 사정이 그래도 좋은 편에 속합니다. '우리나라는 물 부족 국가'라는 말에 논란의 여지가 있는 것이지요. 연구 결과가 정책에 반영되거나 일반화되려면 그 연구의 근거가 타당해야 하고 비슷한 결과가 수십 건쯤 모여 일관성이 있어야 하는데, 일부 자료만을 근거로 우리나라를 물 부족 국가라고 단정 짓고 이를 정책에 반영하는 것은 위험하다고 볼 수 있습니다.

게다가 서울과 수도권을 비롯한 대도시에서는 상수도로 공급받는 물 가운데 절반만 쓰고 있고 나머지는 남아도는 형편이에요. 그래서 4대강 가까이 있는 도시에서 물이 부족하다는 주장은 납득하기가 어렵지요. 오히려 일부 작은 섬이나 산간 지대에서 저수량을 잘못 조절하면 갈수기에 식수가 모자라는 일이 벌어지고, 폭우 피해도 지방 하천이나 소하천에서 주로 일어나므로 치수 정책은 이런 지역을 살펴서 해야 해요.

무엇보다 4대강 개발이 강 생태계에 미칠 부정적인 영향은 누구나 예상할 수 있었어요. 4대강을 개발하면서 파낸 흙의 양이 서울의 남산을 열 개 넘게 쌓을 수 있을 정도예요. 게다가 보 열여섯 개는 시골 개울에서 흔히 볼 수 있는 수준이 아니라 댐 크기와 맞먹는 크기였어요.

구불구불 흘러가는 자연 하천에는 자연스럽게 여울과 소가 만들어지는데, 여울에는 바닥의 경사 때문에 흐르는 속도가 빨라지면서 산소가 생기고, 자갈에는 어류의 먹이가 되는 수생 곤충이나 바닥에 붙어 사는 조류(식물플랑크톤)가 살아요. 그래서 여울은 어류의 좋은 먹이처이자 산란처가 되지요. 또한 대부분의 어류가 밤에는 소에서 자는데 깊은 소는 홍수나 다른 동물의 공격을 피할 수 있는 안식처이자 치어들이 자랄 수 있는 안전한 장소입니다.

하지만 대규모 준설로 하천 바닥이 평평해지고 댐만큼이나 큰 보 위에서 물이 떨어져 하천 바닥을 심하게 계속 파게 된다면, 어류뿐만

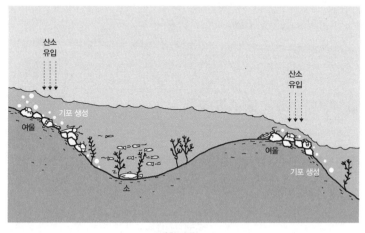

하천 단면도

아니라 물속의 생태계 전체가 위협을 받아요. 환경 단체에서는 4대강 사업으로 멸종 위기에 몰린 미호종개, 얼룩새코미꾸리, 묵납자루 같은 어류들과 단양쑥부쟁이, 수달 같은 생물들을 공개한 바 있습니다.

강 생태계가 얼마나 위험한 처지에 있는지는 이미 '녹차 라떼' 사태에서 증명되었지요. 4대강 곳곳에서 녹조 현상이 크고 넓게 일어난 것을 빗댄 것인데, 보를 만드니까 물의 흐름이 느려지고 정체되기 때문에 녹조가 생기는 것이지요. 하천에 질소와 인이 많이 포함된 오염 물이 쌓이면 영양이 지나치게 넘치는 상태가 되어서 하천의 조류가 비정상적으로 많이 번식하게 되는데 이를 '녹조'라고 합니다. 광합성으로 양분을 만드는 식물플랑크톤은 물속 생태계에서 먹이사슬의 가장 기초가 되는 중요한 존재랍니다. 하지만 엄청나게 번식한 식물플랑크톤이 호흡하기 시작하면, 물속 산소가 바닥나면서 어류가 죽고, 이들한테서 독성 물질이 나와 수질이 심각하게 오염돼요. 4대강이 바로 이런 상황입니다.

물 때문에 전쟁이 일어났다고?

우리나라에서는 지난 반세기 동안 댐 건설 같은 큰 토목 공사로 물을 관리해 왔는데, 4대강 개발을 계기로 물을 관리하는 방식을 다시 생각해야 한다는 목소리가 높아지고 있어요. 대규모 강 개발은 그동안 홍수와 가뭄을 예방한 긍정적인 면도 있지만 하천 생태계의 파괴, 지역 주민의 생활양식 파괴, 유적지 수몰, 습지의 소멸, 수질 악화, 토양의 염류화 같은 많은 문제를 낳았어요. 지금까지 해 온 물 관리 방식은 자연스러운 물의 흐름을 거스르고, 도시민을 중심으로 대규모로 물을 공급하는 방식이라는 비판을 받고 있습니다. 중앙정부 중심으로 하는 일을 줄이고 지역에서 필요한 수요 중심으로 관리해야, 효율적으로 물을 관리할 수 있고 물이 자연스럽게 순환할 수 있다는 것이지요. 하지만 하천은 한 지역이 아니라 여러 지역을 지나면서 흐르기 때문에 지방정부에만 물 관리를 맡긴다면 경제적 이익을 위해 지역 안의 강만 개발해 전체적인 물의 순환이 나빠질 수 있다는 우려도 있어요.

세계적인 큰 강이 국경을 가로질러 여러 나라를 두루 흐르는 경우 나라 사이에 다툼이 일어나기도 해요. 예를 들어 유프라테스 강은 터키에서 시작해 시리아와 이라크를 지나가는데, 터키에서 세계 최대 규모로 아타튀르크 댐을 만들어 시리아와 이라크로 흘러가는 물이 줄어들자 분쟁이 일어났지요. 하지만 유프라테스 강 주변국들이 위원회를 만들고 합의를 해 물 양을 조절하고 있어요. 요르단 강을 둘러싸고 아랍과 이스라엘 사이에 물 전쟁이 일어나기도 했답니다.

물 관리를 실패해서 비극으로 치달은 일도 있습니다. 소련은 1960년에 농업 개발의 꿈을 안고 큰 규모로 목화, 쌀, 채소를 재배하기 위해 아랄 해로 흐르는 두 하천에서 농업용수를 대량으로 끌어왔어요. 그러자 카자흐스탄과 우즈베키스탄에 둘러싸인, 세계에서 네 번째로 큰 호수인 아랄 해의 수심이 얕아졌고 어업은 극도로 쇠퇴했으며 주

세계 최대 규모의 아타튀르크 댐. 큰 강 주변의 나라들 사이에 물 때문에
다툼이 일어나기도 한다. ©Bernard Gagnon

변 생태계는 파괴되었어요. 호수 주변 인구는 15만 명에서 3만 명으
로 줄어들었고 2020년에는 사해처럼 농도가 높은 염수만 남아 호수
의 기능을 잃어버릴 것이라고 해요. 이 일은 강을 개발할 때 상·하류
의 관계, 토사 이동, 수질과 생태계까지 전체를 살펴봐야 한다는 것을
확실히 보여 주었지요.

　이처럼 세계 여러 나라들은 물 분쟁과 물 부족 때문에 물 관리를
어떻게 해야 하나 일찍부터 고민했어요. 그래서 외국에서 다양하게
물을 관리한 사례는, 물을 관리하는 방식을 바꿔야 하는 우리에게 좋

은 경험담이 될 수 있어요. 우리나라는 북한과 이웃하고 있는 일부 하천 말고는 국제 하천이 없어서 국제적인 물 분쟁을 겪진 않았어요. 하지만 우리나라가 식량자급률이 OECD 국가 가운데 최하위일 정도로 식량의 상당량을 수입하는 점을 생각해 보면 물 분쟁은 남의 일이 아니지요. 더욱이 세계적으로 농업용수 사용량은 공업용수나 생활용수보다 훨씬 높답니다.

생활 속에서 시작하는 물 관리

전통적으로 사람들은 댐과 저수지를 만들거나 대규모 시설로 바닷물을 담수화하는 것이 물을 관리하는 가장 좋은 방법이라고 생각해 왔어요. 하지만 최근의 연구를 보면 대규모 시설을 써서 물을 확보하는 것보다는 물을 효율적으로 쓰는 것이 경제적으로도 더 이득이라고 해요.

물은 순환하는 거니까 강을 관리하는 것으로 한정지어 생각할 필요가 없어요. 물은 강물이 되기 전에는 빗물이었고 이후에는 바닷물이 되니까요. 물 효율성을 높이기 위해서는 우선 쓰고 있는 물의 양을 정확하게 알아야 해요. 공급량과 사용량을 정확하게 알아야 급수 과정에서 버려지는 누수량을 확인할 수 있거든요. 그다음 물이 새는 것을 줄이고 아낄 수 있게 튼튼한 시설로 바꿔야겠지요.

미국에서는 최근, 전체 물 사용량에서 가장 많이 쓰고 있는 농업용수를 해결하기 위해 스마트 관개 기술을 이용한답니다. 스프링클러와 스마트 기기를 연결해서 토양과 식물의 종류, 경사, 일조량, 물이 스며드는 속도, 토양이 물을 머금는 능력, 스프링클러의 종류, 기상청의 정보 등을 모으고 분석해서 뿌리는 물의 양을 조절하는 거예요. 그리고 지금까지 큰 건물들은 냉각탑에서 물을 증발시키며 건물의 시원함을 유지했는데, 이때 냉각기 1000톤당 물 15만 리터가 필요해요. 일반 가정에서 하루 평균 1000리터쯤 물을 쓰고 있는데, 이것과 비교하면 엄청난 양이지요. 그래서 기술을 개발하고 비용을 지원해서 냉각탑을 효율적으로 설계하고 운영 방식을 바꾸고 있습니다. 사업장에서는 급수 시설마다 보조 계량기를 달아 물을 얼마나 쓰는지 정밀하게 파악해서 물을 아낄 수 있는 계획에 반영하지요.

오스트레일리아에서는 타이머를 써서 샤워 시간을 줄이려는 개인들의 노력부터, 지역 공동체와 농민이 하천과 습지를 보호해서 건강한 물을 확보하는 데 지원하는 정부 정책, 상품과 서비스의 생산·유통·소비·폐기 과정에서 쓰는 물 사용량을 특정값으로 환산한 '물 발자국'을 상품에 표시하는 산업계의 노력까지, 기후변화와 물 부족에 대비해 다양한 방법으로 애쓰고 있답니다.

우리나라에서는 예로부터 조상들이 빗물을 다양한 방식으로 이용해 왔어요. 강보다 높은 곳에 있는 저수지, 턱을 높여 빗물을 고이게

턱을 높여 빗물이 고인 계단식 논(남해 가천) ©이영철

한 계단식 논(다랑이), 농지 곳곳에 연못처럼 파 둔 웅덩이(둠벙), 제주도 산간 지역의 빗물 항아리(촘항) 등이 그 예랍니다. 그리고 논은 홍수를 방지하고 지하수를 공급하는 중요한 구실을 하는 것으로 알려져 있어요. 전국의 논에서 가둘 수 있는 물은 36억 톤인데, 춘천댐의 전체 저수량의 24배나 된답니다. 논의 저수 능력을 댐 만드는 비용으로 바꾸면 15조 5000억 원이나 된다는군요. 게다가 논에 고인 물은 절반쯤 지하로 스며들어, 지하수를 만드는 데도 한몫하고 있지요. 이처럼 조상들은 잠깐 동안 집중해서 내리는 빗물을 잘 저장해서 홍수와 가뭄 문제를 지혜롭게 풀어 왔어요.

하지만 지금은 도심 곳곳이 도로포장으로 덮여 있지요. 서울을 예로 들면 산지 말고는 지역 대부분이 빗물이 스며들 수 없게 아스콘이나 콘크리트로 포장되어 있어요. 조금이지만 도심에 남아 있던 논이나 습지도 주거 용지로 바뀌고 있지요. 결국 빗물이 아무리 많아도 지하로 스며들지 못하기 때문에 지하수는 마르고, 장대비가 쏟아지면 빗물이 순식간에 하수도로 모이면서 미처 빠져나가지 못해 그 물이 차올라 도심이 잠기게 된답니다. 따라서 갑자기 쏟아지는 빗물에 대처하기 위해서는 하수도 시설을 늘리고, 빗물이 한꺼번에 하수도로 몰리지 않게 장치를 마련해야 해요. 그 대안으로 빌딩이나 주택마다 빗물 저장조를 마련해서 생활용수로 쓰거나 작은 연못이나 화단을 꾸며서 빗물이 바로 쓸려 내려가지 않게 하자는 제안도 있어요. 그러려면 쓰이는 곳에 따라 물의 질도 달라야 하는데, 가장 먼저 수돗물에만 의존하는 현재 시스템부터 바꾸어야 해요. 예를 들어 불을 *끄거나*

변기를 쓸 때는 빗물을 쓰는 식이지요. 심지어 빗물을 모아서 간단한 정화 과정을 거쳐 식수로 쓰자는 움직임도 있어요. 지구온난화가 심해지면서 우리나라는 최근 100년 동안 기온이 1.7℃ 올라갔고, 비가 올 때는 장대비가 갑자기 쏟아지는 식으로 변하고 있어요. 이런 변화에 대처하려면 정보 통신 기술을 이용해 물 관리 시설을 통합적으로 계획, 설계, 시공, 유지 관리할 수 있는 시스템을 만들어야 한다는 의견도 있습니다.

우리나라가 물 부족 국가인지는 여전히 논란거리가 남아 있지만, 친환경적이고 미래 지향적인 물 관리가 필요하다는 것은 누구나 공감하는 문제입니다. 우리가 지나치지 말아야 할 것은 우리 세대가 자연을 누리고 이용할 수는 있지만 우리가 소유한 것은 아니라는 사실입니다. 태양계 다른 어느 행성에서도 누릴 수 없는 지구의 물을 반드시 미래 세대에게 온전하게 물려주어야 하겠지요.

2

동물원과 동물권

어느 늙은
고릴라의 편지

사랑하는 아내 고리나에게

밤새 비가 왔는지 떨어진 꽃잎으로 바닥이 고운 색으로 물들었구려. 일어나 철창 밖을 내다보니, 나긋한 햇살을 받으며 머리털을 쓸어 넘기는 당신 모습이 어찌나 아름다운지……. 월요일이라 관람객들 발길도 뜸할 테고, 굽이굽이 가파른 고갯길 같던 지난날을 돌아보기에 더 없이 좋은 날이구려. 오늘 비로소 지금껏 하지 못했던 말들을 당신께 편지로 전할까 하오.

1963년생 토끼띠인 내가 1978년생 말띠인 당신과 결혼한 지 어느덧 10년, 세월은 단맛, 쓴맛, 편식할 틈도 없이 속절없이 흘러갔구려. 내 고향 아프리카에서 당신을 만났다면, 결혼 10주년을 맞이하여 향긋한 나무 열매를 양껏 따다 선물했을 터인데……. 동물원에서 해 줄 수 있는 것이라곤 치아가 성하지 않은 날 위해 만든 닭고기 주먹밥을 사육사가 건넬 때, 못 본 척 슬쩍 뒤로 물러나 당신이 대신 먹는 모습을 흐뭇하게 지켜보는 것밖에 없구려.

사람들은 노처녀라고 했지만 나에게는 더없이 곱디고운 당신을 만났을 때, 나는 서른일곱 살(사람으로는 일흔 살쯤)로 노쇠하고 몸도 성치 않았지. 당신은 볼품없는 절뚝발이에게 다가와 고목나무에 꽃을 피우려는 듯, 애정을 표현해 주었는데……. 내가 어린 나이에 이곳으로 와서 이성을 만난 게 처음이라, 활력 넘치는 당신 모습이 낯설고 겁이 나서 이빨을 드러내며 멀찌감치

물러나 버렸소.

머나먼 이국땅에 끌려 온 것도 서러운데, 믿고 의지할 수 있을 줄만 알았던 남편까지 이 모양이니……, 당신의 심정이 오죽했을까. 시간이 흐르면서 우리 사이가 나아지기는커녕 화가 날 때면 당신은 팔을 휘저으며 주먹질을 하고, 서로 추격전까지 벌이는 격정적인 부부 싸움으로 번졌지. 사람들은 싸움에서 늘 지기만 하는 나를 마누라 눈치나 보는 '130kg의 매 맞는 남편'이라며 놀려 대더군. 하지만 우두머리의 상징인 등에 나는 은백색 털(실버백)을 감추고, 오직 당신한테만은 져 주고 싶었다오.

지금 이 순간, 당신은 편지를 읽으며 콧방귀를 뀌고 있을 테지. 나뭇가지를 머리에 꽂고 몸을 비비며 적극적으로 애정 공세를 하는 당신을 나 몰라라 하질 않나, 돌부처처럼 멀뚱히 먼 산만 바라보며 내 곁을 한 번도 내주지 않았으니 말이오. 사육사도 엄청 속을 태웠을 거요. 세계적으로 멸종 위기인 우리가 후대를 잇지 못할까 봐 전전긍긍했을 테니……. 야생에서 배웠어야 할 본능을 학습으로 깨치게 하겠다며 보여 준 동물 짝짓기 영상은 지금 생각해도 남사스럽소. 사육사는 날마다 우리가 즐겨 마시는 우유에 나한테는 기력이 좋아지는 강장제를, 당신에게는 배란유도제를 타 주며 노력했지만 내가 계속 심드렁하니 얼마나 원망스러웠겠소. 허나 아무리 해도 애욕이 생기지 않는데 어쩌겠소. 어쩌면 고단한 내 인생을 자식한테까지 대물려 주고 싶지 않은 간절한 마음을 몸이 받아들이고 있는지도 모르오.

1968년 내가 다섯 살 때쯤, 똑바로 서 있지도 못할 만큼 낮고 사방이 꽉 막힌 공간에 갇혀 영문도 모르는 채 서아프리카에서 대한민국 땅으로 오게 되었지. 낯선 환경에서 느끼는 공포로 고통스러웠지만, 살아 보겠다는 생각 하나로 사육사에게 길들여지며 그곳에 적응했소. 수많은 인간들이 나를 보러

창경원으로 몰려왔고, 나는 단숨에 스타가 되었다오. 관람객들이 끊임없이 들락날락하는 모습을 지켜보노라면, 마치 쉴 새 없이 바뀌는 인간 전시관 앞에 종일 앉아 있는 기분이 들더이다. 관람객들이 불 붙여 던져 준 담배를 입에 물고 누워 인간 구경을 하는 것도 쏠쏠한 재미가 있었지.

인간들은 조금이라도 잘 볼 수 있는 자리를 차지하기 위해 서로 몸을 밀쳐대기도 하고, 애지중지하는 자기 자식을 머리 위로 높이 들어 목마를 태우기도 하더군. 연인들은 나보다 서로를 힐끔거리며 사랑의 신호를 나누고 말이야. 내가 양쪽 콧구멍으로 담배 연기를 힘껏 뿜어내면, 어른 아이 할 것 없이 어찌나 신기해하고 큰 소리로 깔깔대며 웃던지. 인간들은 내가 그들 흉내를 내면 참으로 좋아하더군. 나도 인간들하고 장난치는 것이 싫지 않아 "야, 킹콩이다!" 하고 인간들이 소리칠 때면, 그들에게 흙을 집어 던지고 잽싸게 도망가서 딴청을 부리기도 했지. 이런 능글능글한 매력과 익살스러운 유머 감각이 통했는지, 나는 인간들에게 즐거움을 주는 동물원 최고의 인기 스타로 자리를 잡아 갔소.

그런데 삶은 오르막이 있으면 내리막이 있나 보오. 언제부턴가 발이 욱신거리기 시작하더이다. 그 탓에 성격이 예민해져서 나를 쳐다보는 인간들에게 내 배설물을 집어 던지곤 했지. 때때로 관람객들이 거세게 항의해서 사육사들이 골머리를 앓았지만, 괜스레 속이 다 시원해서 한참 웃으면 잠시나마 통증이 덜어지는 것 같았소. 수의사가 정성스럽게 치료했지만 발이 썩어 흉측하게 뭉그러지더니 결국……, 내 양쪽 발을 자르게 되었다오. 그때 느낀 상실감이란……. 뭉뚝하게 잘린 발가락 때문에 나무에 오를 수도 없고, 시멘트 바닥을 걷는 것도 정말 고역이었소.

우리나라 최초의 동물원이었던 창경원은 1984년에 과천 서울대공원 안에 있는 서울동물원으로 새로이 자리를 옮겼고, 그렇게 내 인생의 2막이 시작되었다오. 당신도 동물원을 열 때 국제무역상사를 통해 들어왔다고 전해 들었소. 당신과 나란히 앉아 속 깊은 이야기를 나눈 적이 없으니 당신이 어떻게 살아왔는지 알 도리는 없지만, 그때 아프리카 밀렵꾼들은 운반하고 관리하기 쉬운 고릴라 새끼는 산 채로 잡고, 어미와 무리 전체는 잔인하게 몰살시키곤 했다더군. 당신은 그런 끔찍한 일을 겪지 않았길 바랄 뿐이오.

창경원 방은 비좁았는데 서울동물원은 넓고 깨끗했고, 날마다 신선한 과일을 줘서 꽤 만족스러웠소. 돌고래 친구들처럼 쇼를 해야 하는 것도 아니었고 말이오. 하지만 그곳도 방사장은 인간들이 청소하기에 편한 콘크리트였고, 난방도 제대로 되지 않았소. 그렇게 또다시 비극이 시작되었지.

우리 몸은 무더운 열대우림 환경에 익숙한데, 사계절이 뚜렷한 대한민국 날씨가 너무 힘든 데다 바닥의 시멘트 독까지 더해져 2003년 어느 날, 옆방의 아우 고돌이는 끝내 고통을 이기지 못하고 홀연히 저세상으로 가 버렸소. 그의 죽음을 보며 느낀 좌절감과 비참함은 이루 말할 수 없었다오. 할 수만 있다면…… 내 몸을 불구로 만들고, 고돌이를 죽게 한 인간들을 죄다 철창에 넣어 버리고 싶었소. 야생의 동물들 역시 살아가고 죽지만, 자유를 빼앗긴 채 우리 스스로의 삶을 누려 보지도 못하고 '살아 있는 전리품'으로 살다 죽는 우리 신세가 너무나 기구해서 한동안 심각한 우울증에 시달렸다오. 그때 당신이 곁에 없었다면 정말이지 견딜 수 없었을 게요.

나는 가끔 꿈을 꾼다오. 어머니의 등에 업혀 그 따뜻함에 기대 열대우림을 마음껏 뛰어다니고, 다 다르게 생긴 식구들 코 모양을 비교하며 킬킬대고, 털에 묻은 과즙을 정성스레 닦아 주시던 어머니의 손길이 포실한 단꿈이오. 하지만 꿈에서 무참히 깨어나면 따뜻한 온기는 이내 시멘트 바닥과 철창의

서늘함으로 변하고, 털에 묻은 과즙은 다른 게 아니라 내 눈물이었다는 것을 비로소 깨닫게 되지. 사시나무처럼 떨면서 울부짖던 밤도 여러 날이라오.

　우리가 병들고 죽어 가는데도 변하는 것은 없더군. 당장 시멘트 바닥을 갈아엎을 줄 알았는데 말이지. 그렇게 아무 일 없었다는 듯이 또 긴 세월이 흘렀고, 살아생전 차가운 시멘트 바닥을 못 벗어나나 했는데……, 개원 100주년을 맞아 인간들이 새로 꾸며 준 공간은 크기도 크고, 고향이 생각나는 푸른 잔디와 대나무 숲, 따뜻한 열선이 깔린 방까지 있었소. 그 덕에 그동안 잊은 줄 알았던 야생성이 조금씩 되살아나는 것도 같소. 이웃하는 신유인원관에서는 오랑우탄 백석이와 침팬지 광복이가 태어났다지. 경사스런 일이지만, 이곳에서 태어난 아이들이 제대로 살아갈 수 있을지 걱정이오. 그렇다 해도 당신에게 토끼 같은 자식을 안겨 주지 못해 참으로 미안하구려.

　나에게 가혹한 장애를 안겨 준 동물원이지만, 야생이라면 장애를 안고서 살아가는 것이 불가능했을 터인데 동물원이라 천수를 누렸구려, 허허. 이제 내 나이가 사람 나이로는 아흔 살……. 오랫동안 믿고 따른 사육사와 수의사들이 영양제까지 주면서 지극정성으로 보살펴 주고 있지만, 움직이는 것도 불편하고 힘이 부치는 게 앞으로 살날이 얼마 남지 않은 것 같구려. 내가 가고 나면 이곳에 혼자 남겨질 당신 생각을 하니 마음이 편치 않소. 아무쪼록 다음 생에는 자연 한가운데에서 꽃다운 나이에 만나 서로 첫눈에 반하고, 다정스레 털을 골라 주며 잉꼬부부로 백년해로하세. 물론 지금 이 순간도 당신을 가슴 깊이 사랑하고 있다는 것을 알아주길……. 곧 초여름 장마로 동물원이 스산할 터인데 감기에 걸릴까 걱정되는구려. 건강 잘 챙기시오.

　　　　　　　─우리의 열 번째 결혼기념일을 맞이해, 당신의 남편 고리롱 씀.

2011년 2월 17일 저녁 8시 10분, 서울동물원 간판스타였던 로랜드 고릴라 '고리롱' 할아버지가 동물원과 함께해 온 긴 역사를 뒤로하고 마흔아홉 살 나이로 세상을 떠났습니다. 노환으로 떠난 거지요. 서울동물원은 그의 죽음을 애도하기 위해 한 달 동안 동물 공연을 금지했고, 고리롱을 만났던 수많은 관람객들도 함께 했던 아련한 추억을 되새기며 명복을 빌었어요.

'멸종 위기에 처한 야생 동식물의 국제 거래에 관한 협약(CITES)'에 따라 고릴라는 1급 멸종 위기 종이 되어서 사고파는 게 거의 불가능해졌어요. 이제 우리나라에는 암컷 고릴라밖에 없어서 더 이상 고릴라를 볼 수 없게 될지도 몰랐죠. 그래서 동물원에서는 슬픈 감정은 잠시 뒤로하고 서둘러 전문 인력을 써서 두 가지 일을 진행했습니다.

첫 번째는 고리롱의 정자를 채취해서 짝이었던 암컷 고리나의 난자와 인공수정을 하는 것이었어요. 고리롱의 대를 이으려는 계획이었죠. 두 번째는 고리롱의 넋을 영원히 기린다는 뜻으로 그를 박제해 사람들에게 공개하는 것이었고요. 과연 고리나는 시험관 아기 시술

평생을 우리나라 동물원에서 보내다 죽은 뒤에도 박제로 전시될 뻔했던 고리롱
©연합뉴스

을 받고, 고리롱은 가죽을 남기게 되었을까요?

고리롱이 죽은 뒤 정자를 체취하기 위해 사체를 해부했지만, 부검 결과 안타깝게도 그는 정자가 하나도 없는 '무정자증'이었어요. 고리롱의 대를 잇는 일은 이룰 수 없었지요.

한편 박제 프로젝트는 찬성과 반대 여론으로 나뉘어 오랫동안 논란이 일었어요. 고리롱의 냉동 보관 기간이 길어지면서 어느 쪽이든 서둘러 결정을 해야 했는데, 그때 인터넷으로 시민들의 다양한 의견을 모았답니다. 여러분이라면 어느 쪽에 손을 들겠어요?

박제 찬성 의견 A 씨   세계 4대 박물관인 미국 스미스소니언 자연사 박물관 같은 외국의 유명한 동물원들은 사향고래, 얼룩말, 타조, 기린 같은 동물들의 박제와 골격 수만 점을 전시하고 고릴라 같은 영장류의 골격을 표본으로 전시해 연구와 교육용으로 이용하고 있습니다. 이미 죽은 동물을 박제하는 것을 동물 학대나 모독이라고 말하는 것은 무리가 아닐까요? 우리나라 동물원 역사의 산증인인 고리롱을 보존하는 것은 의미 있는 일이고, 앞으로 고릴라 연구에도 도움이 될 것입니다.

박제 반대 의견 B 씨   평생을 동물원에 갇혀 보낸 고리롱을 죽어서까지 박제해서 가두는 것은 그를 두 번 죽이는 일입니다. 동물의 죽음을 기리는 방법으로도 알맞지 않으며, 박제를 보여 주며 동물을 사랑하는 마음을 기르라고 얘기하는 것은 아이들의 가치관을 혼란시킬 수 있어요. 박제보다는 오히려 생전의 모습을 담은 사진전을 열거나, 고리롱이 평소에 가지고 놀던 장난감이나 살던 방을 보존해서 추모관을 세우는 것이 진정으로 고리롱의 죽음을 기리는 방법일 것입니다.

어느 신문사에서 독자들에게 설문 조사를 했더니 3 대 7로 반대가 높았어요. 결국 동물원에서 시민들의 의견을 받아들여 고리롱 박제 계획은 없던 일이 되었습니다. 고리롱은 사람처럼 이름만 남기게 되었지요. 한편 2012년 12월, 독수공방을 하던 고리나는 1994년생인 수컷 고릴라 '우지지'를 새신랑으로 맞이해 함께 지내고 있답니다. '브리

딩 론(breeding loan)'이라고 해서 멸종 위기 종이 번식할 수 있도록 동물을 빌려 주는 제도가 있는데, 그 제도를 이용해 영국 포트림 동물원에서 영구 임대한 신사 고릴라지요. 아직 둘 사이에 2세 소식은 없다고 해요.

서울동물원에서 계획한 일은 모두 물거품이 되었지만, 이렇듯 동물원은 동물 종을 보존하기 위해 고군분투하고 있습니다. 세계동물원수족관협회(WAZA)의 통계를 보면, 전 세계에서 1년 동안 동물원을 다녀가는 인구가 7억 명이나 된다고 해요. 그만큼 동물원은 사람들이 즐겨 찾는 장소이자 유익한 공공기관으로 자리를 잡고 있지요. 하지만 인간의 경제적 이익과 오락을 위해 야생동물을 자연 서식처에서 끌고 와 동물원에 가두고 착취한다는 비판의 목소리도 큽니다.

최근 2014년 12월에는 아르헨티나 법원이 부에노스아이레스의 한 동물원에 있는 스물아홉 살 난 오랑우탄인 '산드라'를 '비인간 인격체'라고 규정해, 기본권인 신체 자유권을 허락하는 놀라운 판결을 내렸어요. 그래서 산드라는 20여 년 동안 갇혀 살아온 동물원을 떠나 자유를 찾게 되었지요. 인간이 동물원에 있는 동물을 어떻게 대우해야 하는지 생각하게 되는 좋은 본보기라고 할 수 있어요.

동물원을 이용해 지구 반대편에 사는 동물을 가까이에서 만나고 교감하고자 하는 인간 중심의 생각과 생명체가 타고난 대로 살아갈 수 있도록 기본적인 동물의 권리를 보장해야 한다는 생각. 여러분의 생각은 어느 쪽인가요?

동물원에 가 봤니?

화창한 주말, 동물원은 수많은 인파로 가득합니다. 부푼 마음을 안고 동물원을 찾아온 주찬성 씨 식구들을 따라가 볼까요? 그들은 그림책이나 사진에서만 보던 존재들이 눈앞에서 생생하게 살아 움직이는 모습에 눈을 떼지 못하고, 연신 탄성을 지릅니다.

"기린 좀 보세요. 머리 위에 뿔을 달고 있어요."

마스카라를 바른 듯 새초롬한 눈을 깜빡이며 두 귀를 팔랑이는 기린이 정말로 뿔을 달고 있네요. 찬성 씨는 스마트폰을 꺼내 검색창에 '기린 뿔 달린 이유'를 꾹꾹 눌러 가며 입력합니다. 그는 사육사의 도움을 받아 기린에게 풀 먹이를 주고 있는 아들을 흐뭇하게 바라보며, 아내에게 넌지시 말을 건넵니다.

"요즘은 아이들의 오감을 자극하는 체험 학습이 중요해져서 그런지, 동물원이 이렇게 동물들에게 먹이도 주고 만져 볼 수 있도록 바뀌고 있대. 아이가 동물들하고 직접 눈을 맞추고 교감할 수 있으니 이만한 교육도 없겠어. 설사 이런 프로그램이 없다고 해도 동물원은 없어서는 안 될 곳이야. 생각해 보라고. 만약 동물원이 없었다면 이렇게 세계 각지의 동물들을 쉽게 만날 수 있겠어? 동물들을 보려고 엄청난 돈을 들여서 외국으로 가야 했을 거야. 형편이 안 되면 평생 못 볼지도 모르고."

만족스런 얼굴로 빈 먹이 봉투를 들고 돌아온 아들은 엄마의 옷자락을 당기며 다른 동물 친구들을 만나기 위해 서둘러 다른 우리로 갑니다. 우두머리 사자에게 마음을 빼앗긴 아내는 〈라이언 킹〉의 주인 공인 귀엽고 용맹한 '심바'를 떠올리며 잊었던 순수함을 되찾습니다. 한 손에 돌고래 인형을 꼭 쥐고, 동물들을 보며 웃고 있는 아들을 바라보는 부부의 눈빛이 따뜻하네요.

"일상의 테두리 안에 갇혀 지내는 현대인들이 동물들을 만나고 자연을 만끽할 수 있는 곳이 또 다른 테두리 안이라니……."

불편한 기색으로 나지막이 읊조리며, 찬성 씨와 같은 코스를 돌고 있는 주반대 씨는 생각이 좀 달라 보입니다. 기대한 것과 달리 동물들은 무기력하게 누워만 있네요. 무지한 관람객들은 동물들을 자극시키려고 사육사들이 주의를 줬는데도 아랑곳하지 않고 계속 음식 조각들을 우리 안으로 던집니다.

"원숭이한테 과자를 나눠 주고 싶어요."

평소 언니에게 절대 과자를 뺏기지 않는 딸아이가 과자를 한 움큼 쥐고는 반대 씨를 올려다봅니다.

"우리한테는 맛있는 과자지만, 원숭이는 배탈이 나서 아프게 될지도 몰라. 동물원 사육사가 영양가 있는 음식을 잘 챙겨 주니까 걱정하지 않아도 돼."

그는 철창 밖으로 고사리 같은 손을 내밀며 구걸하는 원숭이 모습이 애처로워 이내 자리를 옮깁니다. 동물원에서 '고릴라를 위한 배려'라고 적힌 현수막을 걸고, 특이한 종이안경을 나눠 주고 있네요. 주반대 씨는 눈을 마주치면 자신을 공격하는 줄 알고 두려워하는 고릴라

눈이 마주치면 긴장하는 고릴라를 위해 만든 눈 마주침 방지용 안경
©Robert de Bock

의 습성을 딸에게 설명한 뒤 다정스레 종이안경을 씌워 줍니다. 고릴라가 있는 유리벽 쪽으로 조심스럽게 한 발, 한 발 내딛는 딸아이를 보며 잠시 샐쭉 웃고는 이내 표정이 어두워지는 그의 속내가 궁금하네요.

"동물원을 둘러보는 것이 즐겁지만은 않아요. 인간이 만든 환경에 겨우겨우 맞춰 살아가는 모습을 보면서 동물들이 실제 어떻게 살아가는지 그 삶을 헤아린다는 것은 얼토당토않은 일이죠. 좁은 우리에 갇혀 심리적 고통을 받는 기린이 계속 기둥을 핥아 페인트칠이 다 벗겨질 정도예요. 어쩌면 나 때문에 동물들이 다시는 광활한 대자연을

누려 보지 못하고, 집으로 돌아갈 수 없을지도 모른다는 죄책감과 측은함에 눈물이 핑 돕니다. 당장이라도 철창문을 부수고 열어 주고 싶지만, 철장 문을 연다 한들 동물들이 마음껏 누리며 살 수 있는 자연의 터전이 이 지구상에 얼마나 남아 있는지도 의문이 드는군요. 더군다나 아직도 밀렵꾼들이 기승을 부리고 있으니 말이죠."

인간 동물원이 있었다고?

동물원은 언제 처음 생겼을까요? 동물원을 의미하는 영어 단어 zoo는 '생명' '살아 있다'는 뜻인 희랍어 'zoion'에서 유래되었어요. 동물원은 5000년 전쯤부터 여러 가지 형태로 있었답니다. 고대 통치자들은 개인적으로 엄청나게 동물을 수집하는 것으로 부와 권력을 과시했는데, 이를 동물원과 구분해서 미네저리(menagerie)라고 합니다. 동물원(zoological garden, 줄여서 zoo)이라는 말은 1800년대 초, 런던 동물학회가 만들어지면서 처음 쓰였어요. '동물을 연구하고 보호하는 곳'으로 발전한 것이지요. 참고로, 1909년 11월 1일에 문을 연 우리나라 최초의 동물원인 창경원 동물원은 일제가 조선의 아름다운 궁궐을 훼손해서 오락 시설로 바꾸려는 계획으로 만든 거예요.

역사를 보면 알 수 있듯이, 동물원이라는 장소는 인간이 필요해서 만들었습니다. 정작 동물원에서 평생 살아야 할 동물들의 목소리는 완전히 배제된 채로 말이죠. 그런데 어떤 이는 이렇게 생각할지도 모르겠어요.

'동물이 생각이 있는 것도 아니고, 따박따박 밥도 주고, 천적의 위협을 받을 일도 없으니……. 동물원에 갇혀 있어 답답하겠다는 것도 인간이 하는 생각일 뿐이야.'

그렇다면, 동물원에 사람을 전시한다면 어떨까요? 한번 처지를 바꿔 보자고요. 무슨 말도 안 되는 소리냐고요? 그런데 실제로 불과 60여 년 전(1950년대)까지 사람을 동물원에 전시해서 관리하고 있었답니다. 다시 말해 '인간 동물원'이었던 셈이지요.

독일의 하겐베크 동물원은 넓게 트인 공간에 서식지 사이에 창살

1900년대 초에 동물원에 팔려가 원숭이 우리 안에 전시되었던 오타 벵가.
그 뒤 비인간적인 대우에 항의하는 여론이 거세지자 동물원은 그를 풀어 주었지만,
오타 벵가는 우울증과 사람에 대한 적대감으로 괴로워했다.

대신 도랑을 만들어서 여러 종의 동물들이 자연에서 함께 어울려 사는 것처럼 보이게 해서 오늘날 생태 동물 공원의 효시로 손꼽히는데, 놀랍게도 대표적인 '인간 동물원'으로도 꼽힙니다.

칼 하겐베크는 야생의 동물을 동물원에 끌고 오기 위해 잔인한 살생을 서슴지 않았다고 해요. 게다가 그는 동물 전시가 시들해질 무렵인 1870년대 중반, 관람객 수를 늘리려고 토착 원주민들을 동물들과 함께 전시했어요. 파리 순회 전시에서는 하루에 무려 5만 명이 입장하는 대기록도 세웠답니다.

사람이 사람을 가두고 구경하는 일이 문명이 발달했다는 서구에서 20세기 중반까지 벌어졌습니다. 서구인들이 유색 인종을 자신들과 동등한 존재로 보지 않았기 때문에 이런 일이 일어났습니다. 마치 많은 현대인들이 동물들을 그렇게 바라보듯이 말이에요. 이제는 어떻게 해야 동물원에 관람객이 더 많이 찾을지만 궁리할 게 아니라, 그곳에서 살고 있는 동물들의 처지도 생각해 보아야 하지 않을까요?

야생동물의 마지막 피난처

현대 동물원이 하는 일로는 크게 종 보존, 교육, 오락, 과학적 연구를 꼽을 수 있습니다. 동물원을 야생동물의 마지막 피난처라고 해서 '현대판 노아의 방주'라고도 해요. 그만큼 지구환경이 망가질 대로 망가졌기 때문이죠. 무분별하게 개발해서 울창한 열대우림은 텅 빈 숲으로 변해 가고, 드넓은 초원은 농경지로 바뀌었어요. 언제 멈출지 모르는 인간의 탐욕 때문에 기후는 심각한 어지럼증에 시달리고, 자연은 복원력을 잃어 가고 있고요.

생명의 그물로 엮인 동식물이 많을수록 생태계는 튼튼하고 건강해집니다. 그런데 지금 지구에서는 20분마다 생물 종이 하나씩 사라지고 있대요. 이렇게 빠른 속도로 생물이 멸종한다면, 자연의 생존 고리는 차츰 무너지고 결국 인간마저 생존의 위협을 받게 될 거예요. 하지만 야생과 단절된 인공 도시 속에서 살고 있는 우리는 이런 절체절명의 위기를 대수롭지 않게 여기며 살아가고 있습니다.

이런 상황에서 동물원은 동물과 사람을 연결하는 통로로서 멸종 위기의 야생동물을 지키는 일을 하고자 합니다. 실제로 동물원에서 인공 번식을 하지 않았다면 몽골 야생마와 캘리포니아 콘도르는 지금쯤 모두 멸종했을 거래요. 물론 동물원이 야생으로 돌려보내는 동물보다 야생에서 빼앗아 오는 동물이 더 많다는 사실도 마음에 새겨야 합니다. 동물원이 동물 보호소를 가장해서 동물을 가두는 곳이 아니라 진정한 의미의 방주가 되려면, 동물마다 다른 본성에 맞게 서식처를 만들고 있는지, 그리고 동물들이 다시 되돌아갈 야생의 터전을 마련하기 위해 어떻게 노력하고 있는지 생각해 봐야 할 것입니다.

어린 기린의 죽음

지난 2014년 초, 덴마크의 코펜하겐 동물원에서 일어난 일이 크게 이야깃거리가 된 적이 있어요. 18개월 된 건강하고 어린 기린 '마리우스'를 공개적으로 도살했기 때문이죠. 가죽을 벗겨 해부한 뒤 사자에게 먹이는 과정을 어른, 아이 할 것 없이 관람객들에게 그대로 공개했답니다. 동물원에서는 근친교배로 유전병이나 질병에 걸리기 쉬운데, 그것을 막기 위한 방법이었다고 밝혔습니다. 피임이나 거세, 야생에 놓아주는 것도 생각했지만 모두 부작용이 있어 도살을 선택했다고 했지요. 그 과정을 공개한 것은 관람객들에게 동물에 관한 과학 지식을 보여 주기 위해서였답니다.

하지만 덴마크 국내는 물론 세계 곳곳에서 비난 여론이 거세게 빗발쳤습니다. 그러자 코펜하겐 동물원 최고 경영자는 자신들이 정당하다고 주장했어요.

"우리는 종을 선택하는 과정이 어떻게 일어나는지 공개할 수 있고, 동물원에서 동물 개체를 어떻게 조절하는지 진실을 밝힐 수 있습니다. 영역이 한정되어 있기 때문에 동물의 개체 수와 종을 관리하는 것은 어쩔 수 없어요. 동물원은 사람들의 감정을 살피면서 동물 하나하나를 관리하지 않습니다. 동물을 죽여 다른 동물에게 먹이는 것은 수십 년 동안 해 온 관습이자 그들의 본능을 고려한 행동입니다."

동물원은 동물들의 개체 수를 철저히 관리해야 합니다. 동물을 거둘 수 있는 능력에 한계가 있기 때문이죠. 자연과 다른 동물원 환경에서 매번 번식에 실패하는 경우도 있고, 반대로 암수가 부지런히 새끼를 낳는 경우도 있는데, 둘 다 문제가 됩니다. 게다가 근친교배로 유전적으로 다양성이 줄어드는 것은 심각한 문제가 될 수도 있다고 해요.

더 이상 쓸모가 없고 경제적으로 부담만 되는 동물들, 이른바 '잉여 동물'들은 주로 안락사를 해서 개체 수를 조절한답니다. 스위스의 어느 동물원에서는 안락사로 죽은 사슴과 곰을 식당에서 요리해 팔기도 한다죠. 우리나라에서는 잉여 동물들에 대해 이렇다 할 방침이 없어 공개 입찰을 해서 팔고 있습니다. 그런데 그렇게 팔린 동물들 가운데 일부가 식용으로 팔리고 있다고 동물 보호 단체들이 이야기하고

동물원에서 개체 수를 관리하기 위해 죽인 기린 마리우스와
이를 지켜보는 관람객들

있어요. 윤리적으로 어떻게 관리해야 할지 하루빨리 방침을 마련해야겠지요.

마리우스의 죽음은 동물원에 대해 환상을 가지고 있는 수많은 사람들에게 경각심을 일깨우는 계기가 되었습니다. 동물원을 관리해야 하는 관점에서 사육 동물들의 건강과 종 보존을 위해 어린 기린을 죽인 것을 비윤리적인 행위로 여기는 게 과도한 비판일까요? 아니면 동물원의 한계가 빚어낸 잔인한 학살일까요?

나를 만나려면 7달러만 있으면 됩니다

아르헨티나 부에노스아이레스에 있는 어느 동물원에서는 '북극곰 인형은 28달러, 진짜 북극곰은 7달러. 어느 것을 선택하시겠습니까?'라는 광고를 해서 크게 호응을 얻었습니다. 비싼 인형을 사느니 동물원에 와서 진짜 동물을 보라는 것이지요. 그런데, 동물원에서 과연 그들의 진짜 사는 모습을 볼 수 있을까요?

주로 영하의 온도에서 사는 북극곰은 둥둥 떠다니는 얼음 위를 여기저기 옮겨 다닙니다. 물속에서 거대한 발을 써서 유유히 헤엄치기도 하죠. 하지만 인도네시아 동물원에 살고 있는 북극곰은 활력이 넘치는 본래 모습과는 사뭇 달라 보입니다. 뽀송한 흰색 털은 무덥고 습한 기후 때문에 녹조류가 번식해서 얼룩덜룩 초록빛으로 변해 있고, 콘크리트 바닥 한가운데 널브러져 헥헥거리며 숨을 거칠게 내뱉고 있어요.

동물원에서 사는 동물들은 늘 먹을 것과 물을 주는 대로 받아먹으며 본능도 잊은 채 살아갑니다. 좁은 곳에 갇혀 살다 보니 무의미한 행위를 계속 반복하는 '상동증' 같은 정신 질환에 시달리기도 하죠. 몸을 계속 흔들거나 같은 자리에서 뱅뱅 돌기도 하고, 자신의 토사물로 보이는 누런 액체와 시멘트 바닥을 핥기도 한답니다. 좁고 황량한 공간에서 무료하게 지내는 데다 구경 온 사람들한테 시달리며 스트레스를 받기 때문이죠.

예산이 모자라서 제대로 관리를 못해 동물들이 살생을 저지르기도 합니다. 2014년 11월 29일, 우리나라에 있는 한 동물원에서 공간이 부족해 맹금류를 나란히 방치했는데, 불곰이 스트레스를 받아 우리를 탈출해서 바로 옆 우리에 있던 사자 '순이'를 덮쳐 죽이는 사건이 있었대요. 이 사건이 일어나기 일주일 전에는 새끼 반달곰이 어미를 죽이는 안타까운 일도 있었고요. 세계 곳곳에 있는 동물원에서도 맹수들이 사육사나 관람객을 물거나 공격하는 아찔한 사고들이 종종 일어납니다.

몇몇 동물원에서는 이런 비정상적인 행동을 줄이기 위해 '동물 행동 풍부화' 프로그램을 시행하고 있어요. 동물들의 생태적 습성을 생각해서 그에 맞는 과제를 주기적으로 줘서 자연에서 하는 행동을 하게 만드는 것이죠. 동물 행동 풍부화에는 환경 풍부화, 먹이 풍부화, 사회성 풍부화, 감각 풍부화, 인지 풍부화 같은 다양한 종류가 있어요. 예를 들어 곰이 기어오를 수 있게 나무로 시설물을 만들어 주거나, 통나무 더미를 넣어 주기도 해요. 하지만 예산 문제도 있고 아이디어가 다양하지 못해서 풍부화 프로그램이 모든 문제를 해결해 주지는 못하고 있어요.

우리는 큰 곰 인형을 사는 데 드는 돈보다도 적은 돈으로 동물원에서 살아 숨 쉬는 진짜 야생동물들을 만날 수 있습니다. 하지만 동물들이 치르는 희생이 너무 가혹한 것은 아닐까요?

동물 쇼, 귀엽거나 잔인하거나

동물원에 가면 야생에서 뛰어 놀아야 할 곰들이 때로는 사람 옷을 입고 홀라후프를 돌리거나 커다란 공 위에 올라서서 아슬아슬 묘기를 부리기도 합니다. 자전거를 능숙하게 타기도 하죠. 태국의 한 동물원에서는 코끼리들이 육중한 몸으로 물구나무서기를 하는 것은 물론 현란한 재주를 부린다고 해요. 코끼리의 명민함과 남다른 사회성을 이용해 코끼리를 훈련시켜서 볼거리로 만드는 것이죠. 이런 다양한 동물 쇼를 보면서 관람객들은 동물에 대해 왜곡된 생각을 할 수 있습니다. 인간에게 즐거움을 주는 존재, 상품화된 대상으로만 생각하게 되는 것이죠.

공연을 지켜보는 관람객들은 동물들이 신기하고 영리해 보일 거예요. 하지만 동물들이 쇼를 할 수 있는 것은, 그들의 재능 때문이 아닙니다. 온갖 방법을 써서 하는 훈련의 결과지요. 많은 조련사들이 먹이를 주며 칭찬과 보상으로 훈련한다고 주장하지만, 말 못하는 동물과 조련사가 손발이 척척 맞으려면 동물, 조련사 모두 육체적으로나 정신적으로 엄청난 노동을 해야 합니다. 동물들이 말을 듣지 않으면 조련사는 폭력과 학대를 선택할지도 모르죠.

2013년 9월, 우리나라 동물원에서도 조련사가 바다코끼리를 발로 차거나 수염을 잡아 끌고, 파리채로 사정없이 때리는 모습이 공개되어 모두를 충격에 빠뜨렸습니다. 지구온난화로 멸종 위기에 처한 북극의 바다코끼리를 들여와 행동을 연구하고 번식까지 준비하겠다던 동물원의 포부와는 전혀 다른 모습이었죠. 게다가 이 동물원에서는 사람처럼 훈련받은 오랑우탄이 힘이 세어지자 손목 인대를 끊은 일도 있었대요. 그들이 사람을 닮았지만 사람이 아니라는 이유로 일어난 일입니다.

인도에서는 400년 동안이나 '춤추는 곰' 쇼를 해 왔습니다. 뜨거운 판이나 잿더미 위에 곰을 올려놓으면 고통을 피하려고 발을 드는데, 이것이 마치 두 발로 서서 춤을 추는 것처럼 보인다는 거예요. 게다가 곰의 발톱과 이빨을 뽑고, 입과 코, 머리를 꿰뚫어 줄을 집어넣고 무자비하게 잡아당겨서 훈련시켰다고 해요. 다행히 국제동물구조협회(IAR)가 7년이나 힘겹게 노력해서 춤추는 곰 600마리를 구출해 냈습니다.

이 구조 활동에서 우리가 짚고 넘어가야 할 부분은 곰을 구해 낸 것뿐만 아니라 생계가 어려워진 소유주들에게 정부가 지원을 했다는 사실입니다. 소유주들이 새로운 직업 교육을 받을 수 있게 하고,

그 자녀들도 교육받을 수 있게 종합적인 재활 프로그램을 한 것이죠. 고통받는 동물들뿐만 아니라 그들과 함께해 온 사람들도 잊어서는 안 될 것입니다.

괴물이 된 틸리쿰과 친구가 된 제돌이

다큐멘터리 영화 〈블랙피쉬(Blackfish)〉는 2010년에 미국의 시월드 (Sea World) 테마파크에서 일어난 사고사 이야기입니다. 사고를 당한 돈 브랜쇼는 시월드에서 16년 동안 조련사로 일해 온 베테랑이었죠.

십수 년 동안 돌고래 쇼로 시달리다 조련사를 살해한 범고래 틸리쿰
©Milan Boers

길이가 8m나 되는 대형 범고래 틸리쿰하고는 14년 동안이나 호흡을 맞춰 온 각별한 사이였어요. '틸리쿰'은 인디언 말로 '친구'라는 뜻이에요. 공연을 할 때면 브랜쇼가 애정 어린 눈빛으로 틸리쿰을 바라봐서 관객들이 더욱 감동을 받았다죠. 그런데 그런 그녀를 틸리쿰은 온몸이 부서질 때까지 물어뜯어 죽이고 맙니다.

영화 〈프리윌리〉의 주인공이기도 한 범고래는 일곱 살 아이의 지능을 가졌으며, 감정이 풍부한 동물입니다. 그리고 무리를 지어 사회적 관계에서 배우며 성장하는 특성을 가지고 있죠. 바다에서 가장 높은 포식자 자리에 있지만 야생에서 범고래가 인간을 공격한 일은 드물다고 해요. 그런데 왜 틸리쿰은 살인을 저지르게 된 걸까요?

틸리쿰은 공연할 때 말고는 가로 6m, 세로 9m의 '모듈'이라는 어두운 금속 구조물 안에서 살았대요. 드넓은 바다에서 하루 최대 160km를 헤엄치고, 최대 3km 깊이를 잠수하는 범고래에게는 터무니없이 좁은 곳이죠. 범고래들이 들어가지 않으려고 발버둥 치면, 조련사는 범고래들을 굶겨서라도 억지로 들여보냈답니다. 마치 수용소처럼 말이죠.

더군다나 틸리쿰은 모듈 안에 있던 다른 고래들에게 괴롭힘을 당했다고 해요. 범고래는 공동체마다 행동하는 방식이 다르기 때문에 서로 다른 무리에 속했던 여러 마리를 한곳에 두면, 공격성이 높아지면서 서로를 이빨로 할퀴고 물어뜯는다고 합니다. 잡혀 온 지 얼마 안 된 틸리쿰이 쇼 연습을 할 때 실수를 많이 해서 조련사들이 단체로 음식을 안 준다든지 여러 가지 벌을 주자, 함께 있던 범고래들이 자주 어린 틸리쿰을 물어뜯고 할퀴었다고 해요. 피하거나 도망갈 곳조차 없었죠. 그런 틸리쿰을 인간들은 모른 척했고요.

틸리쿰은 그전에도 두 사람을 죽인 적이 있었답니다. 하지만 그때마다 번번이 단순한 사고로 처리했어요. 틸리쿰이 오랫동안 스트레스에 시달리며 저항을 했는데도 그대로 방치한 것은, 범고래 쇼를 중단할 수 없었기 때문입니다. 경제적 수익을 올리려는 인간의 탐욕이 그 원인이었던 것이죠.

여기 또 다른 돌고래 이야기가 있습니다. 2007년 11월 4일, 제주 앞바다에서 아홉 번째로 발견된 남방큰돌고래로 'JBD09'라는 식별번호를 지닌 '제돌이'입니다. 2009년 5월 1일, 제돌이는 친구들과 장난을 치다가 어딘가에 들어갔는데 다시 나갈 수가 없었어요. 어망에 걸린 거예요. 그 뒤 좁은 수족관으로 옮겨져 죽은 생선을 먹으며 점프와 공놀이, 인사하는 법을 배우게 됩니다. 사람들은 '차세대 에이스'라며 야단이었지만, 제돌이는 점점 등이 굽고 입 주변의 피부가 벌겋게 벗겨지고 있었어요.

2011년 7월, 남방큰돌고래를 불법으로 잡은 사실이 알려지면서 '핫핑크돌핀스'와 '동물자유연대'를 중심으로 많은 환경·동물 보호 단체들이 돌고래 쇼를 중단하고 제돌이를 바다로 돌려보내라고 목소리를 높였어요. 2013년 7월 18일, 드디어 제돌이는 자유를 찾았습니다. 아시아에서 처음 있는 일이며, 특히나 시민들이 뜻을 모아 고래를 바다로 돌려보낸 일은 전 세계에서도 찾아보기 힘든 경우라고 해요.

고향으로 돌아간 제돌이는 바다에서 단련한 멋진 근육을 뽐내며 물고기를 사냥하고, 당당히 고래 무리에서 건강하게 지내고 있다고 해요. 적응하지 못할 거라고 걱정했던 일부 사람들의 오만함을 비웃기나 하듯이 말이죠. 제돌이를 놓아준 제주 바다는 남방큰돌고래를 관찰할 수 있는 생태 체험장으로 떠오르고 있대요. 비록 바다에서 그들을 실제로 만나기는 쉽지 않지만, 그곳이야말로 생태에 대한 가치를 생각할 수 있는 진정한 교육 장소일 것입니다.

국립수산과학원 산하 고래연구소의 연구 결과를 보면, 지금 생태계 상황이 그대로 이어진다면 남방큰돌고래는 2050년에 20마리 이하로 멸종되기가 쉬울 거래요. 세계적인 해양포유류 전문가 릭 오베리는 "수족관에 있는 돌고래를 관찰하며 돌고래 생태를 배운다는 것은 디즈니랜드에 있는 미키마우스를 보고 쥐의 생태를 공부하는 것과 같다"고 지적했습니다.

돌고래뿐만 아니라 모든 동물들은, 인간 곁이 아닌 자연의 품에서 있는 그대로 존중받아야 할 친구가 아닐까요?

동물과 인간의 공존을 위해

사방이 녹슨 철조망뿐인 조악한 길거리 동물원부터 "더 적은 종을 더 큰 공간에 전시한다"는 원칙을 가진 휩스네이드 동물원까지, 현재 동물원들 모습은 참으로 다양합니다. 그리고 동물원은 윤리적인 판단뿐만 아니라 사회적, 문화적, 생태적 상황이 복잡하게 얽혀 있죠.

현재 영국, 뉴질랜드, 오스트리아, 체코, 덴마크, 브라질 같은 여러 나라들은 법률로 동물원의 기준을 마련해서 동물원이 건전하게 운영될 수 있도록 애쓰고 있어요. 우리나라에서도 동물원의 설립, 운영, 관리에 대한 기준과 함께 동물 복지 관점에서 사육 기준과 관람객들의 안전 규칙을 정한 '동물원법'이 2013년 9월에 발의되었습니다. 생명을 존중하는 가치를 제도로 마련하기 위한 출발점이 되었지요. 결국 2016년 5월에 이 법안이 통과되었는데, 동물 복지를 위한 규제가 시기상조라는 이유로 동물 복지에 대한 핵심 부분이 빠진 반쪽짜리 법이 되고 말았어요.

　인간은 동물의 한 종류이지만 동물원을 만들고, 그 안에 있는 동물들과 자신을 구분해 왔습니다. 인간은 모든 것의 주인 행세를 하고 있지요. 과연 다른 동물들이 인간을 위해 존재하는 것일까요? "한 나라가 얼마나 위대한지, 도덕적 수준이 얼마나 높은지는 그 나라 동물이 어떻게 대우받는지를 보면 알 수 있다"는 마하마트 간디의 말처럼 이제 철창 너머에 있는 동물들을 무심하게 바라보는 시선을 멈추고, 동물에 대한 우리의 생각을 바르게 세워서 평화롭게 공존할 수 있는 노력을 해야 하지 않을까요?

3

맞춤아기

원하는 아이를
만들어 드립니다!

청각장애 유전자를 선택할 권리

안녕하십니까? 저는 〈워싱턴 포스트〉지의 기자 ○○○입니다. 저는 지금 청각장애가 있는 동성연애 부부 샤론 더치스노 씨와 캔디 매컬로 씨를 만나고 있습니다. 이들은 자녀를 갖기 위해 남성한테서 정자를 기증받아 인공수정을 했는데, 지금 샤론 씨가 임신 7개월째입니다. 그런데 이들이 기증받은 정자가 매우 특별해 화제가 되고 있습니다. 바로 5대째 청각장애 내력이 있는 남성한테 기증받았기 때문인데요. 샤론 씨와 캔디 씨는 자신들처럼 청각장애가 있는 아이를 원해서 특별히 이런 선택을 했다고 합니다.

자, 그럼 샤론 더치스노 씨와 캔디 매컬로 씨를 인터뷰해 보도록 하겠습니다. (수화로 인터뷰)

기자 안녕하세요, 샤론 씨. 지금 임신 7개월째이신데요. 특별히 청각장애 남성한테 정자를 기증받은 이유가 있나요?

샤론 우리와 가족이 되려면 청각장애가 있는 아이가 더 좋을 것 같다고 생각했어요. 우리 부부에게 청각장애가 있다 보니, 청각장애가 있는 아이를 더 잘 키울 수 있을 것 같거든요. 아이가 자라면서 겪을 어려움을 더 잘 이해할 수도 있고, 도움도 줄 수 있을 거예요. 또 수화로 이야기하는 것도 서로 편할 거고, 여러 가지로 서로 더 잘 이해할 수 있을 것 같아요.

기자 청각장애인 남성한테 정자를 기증받는 데 어려움이 있었다고 들었어요. 그때 이야기를 해 주실 수 있는지요?

샤론 우리는 먼저 정자은행에 청각장애 가능성이 있는 정자를 받을 수 있는지 물어봤어요. 그런데 정자은행은 청각장애인 남성한테서는 정자를 기증받지 않는다고 하더라고요. 청각장애는 철저히 가려내서 없애야 할 유전자라는 거예요. 그래서 우리는 청각장애가 있는 친구에게 정자를 기증해 달라고 부탁했어요. 5대째 청각장애가 있는 집안이라, 그 친구의 정자는 청각장애 유전자가 있을 확률이 무척 높을 거예요.

기자 지금 임신 7개월이신데, 만약 비장애 아이가 태어난다면 어떨 것 같으세요?

샤론 물론 그렇다 해도 그 아이는 저희에게 축복이 될 거예요. 그렇지만 만약 청각장애가 있는 아이라면 저희에게는 더없이 큰 축복이 될 거예요.

기자 지금 샤론 씨 옆에 캔디 매컬로 씨가 계시네요. 캔디 씨, 앞으로 두 달 뒤면 아이가 태어날 텐데요. 아이와 어떤 경험을 함께하고 싶으신가요?

캔디 우리는 청각장애가 있어 듣지 못하지만, 우리 나름의 문화와 사는 방식이 있습니다. 이 마을에 함께 사는 청각장애인 모두가 소속감과 유대감을 가지고 있지요. 우리 아이하고도 이 공동체의 유대감을 함께 나누고 싶습니다.

기자 청각장애가 있는 아이를 임신하기 위해 일부러 특별한 정자를 기증받았다는 데 대해 몇몇 사람들이 비판하고 있다는 사실을 알고 계시지요?

캔디 네, 우리도 들었습니다만, 정말 당황스러워요. 아이하고 같은 문화를 공유하고 싶은 게 왜 잘못이죠? 흑인 불임 부부가 흑인한테서 정자나 난자를 기증받는 건 자연스럽다고 생각하잖아요. 우리도 청각장애 유전자를 선택할 권리가 있다고 생각해요. 다른 부부들이 특정한 성별의 아기를 원하는 것처럼, 우리는 청각장애 아이를 원한 것뿐이에요. 듣지 않고 사는 것도 삶의 방식 가운데 하나라고 인정해 주셨으면 좋겠습니다. 우리는 우리 나름대로 진정한 삶의 풍요로움을 느끼고 있으니까요. 그런 행복한 삶을 우리 아이에게도 물려주고 싶은 것뿐입니다.

기자 네. 인터뷰에 응해 주셔서 고맙습니다.

지금까지 청각장애가 있는 부부 샤론 씨와 캔디 씨를 만났습니다. 이들 부부는 "듣지 않고 사는 것도 삶의 방식 가운데 하나"라고 주장하며, "듣지 못해도 온전하다고 느낄 뿐 아니라, 청각장애인 공동체의 소속감과 유대감을 아이와 공유하고 싶다"고 말하고 있습니다. "주어진 모습 그대로 삶의 진정한 풍요를 느낀다"고 주장하는 이 부부의 이야기를 듣고 보니, 장애가 있는 아이를 선택해서 가지면 안 된다는 주장은 논리에 맞지 않는 것 같군요. 지금까지 〈워싱턴 포스트〉 기자 ○○○이었습니다.

옛날 우리나라에는 '남아 선호 사상'이라는 것이 있었어요. 그래서 아들을 낳기 위해서 어떤 음식을 먹으면 좋은지, 부부가 언제 잠자리를 해야 하는지, 어떤 한약을 먹어야 하는지, 어떤 운동을 해야 하는지 같은 여러 가지 전해 오는 민간요법도 있었죠. 수정란이 세포분열을 시작하여 태아가 되기 전까지를 배아라고 하는데, 요즘은 생명공학이 발달해서 착상하기 전에 배아의 유전자를 검사해 아이의 성별뿐만 아니라 키, 피부 색깔, 운동신경, 지능까지 부모가 선택할 수 있다고 합니다.

앞의 이야기는 지난 2002년, 청각장애가 있는 미국의 동성애 부부 샤론 더치스노와 캔디 매컬로가 청각장애인 남성한테서 정자를 기증받아 청각장애가 있는 아기를 낳은 일을 인터뷰 형식으로 꾸민 것입니다. 샤론과 캔디 부부는 왜 청각장애인 아이를 원했을까요? 그들은 청각장애도 하나의 문화라 여기고, 그 문화를 아이와 공유하고 싶어 했습니다. 그리고 청각장애가 있는 아이를 키우면 주변의 청각장애인들과 정보를 공유할 수 있고, 아이가 자라면서 겪을 문제나 고민에 대해서도 더 깊이 이해할 수 있을 것이라 생각했습니다. 물론 수정란이 착상되기 전에 유전자 검사를 해서 청각장애 유전자를 선택했다면, 부부가 말했듯 아이가 그들에게 '더없이 큰 축복'이 될 가능성은 훨씬 더 높아졌을 거예요.

부모들은 아이에게 바라는 것이 많습니다. 건강하면 좋겠다, 키가 좀 더 크면 좋겠다, 공부 잘하고 똑똑하면 좋겠다……. 그래서 성장호르몬 주사를 맞히고, 좋은 음식을 먹이고, 여러 학원을 다니게 합니다. 그런데 아이를 가질 때부터 부모가 원하는 유전자를 선택해서 낳을 수 있다면?

'맞춤아기'라는 기술은 이런 일을 가능하게 합니다. 보통 시험관 시술을 할 때는 착상 확률을 높이기 위해 난자 여러 개와 정자를 시험관에서 수정시켜 여러 개의 수정란을 만든 뒤, 건강한 수정란 두세 개를 엄마의 자궁에 착상시킵니다. 이때 원하는 유전자를 가진 수정란을 착상시키는 게 맞춤아기 기술입니다. 수정란의 유전자를 검사해서 문제가 있는지, 혹은 특정 유전자가 있는지 알아보는 기술은 1980년대 말부터 있었답니다. 이렇게 유전자를 검사해서 부모가 원하는 유전자를 가진 수정란을 자궁에 착상시키면 맞춤아기가 탄생하는 거죠. 부모의 난자나 정자에 원하는 유전자가 없을 때는 정자은행이나 난자은행에서 원하는 유전자를 가진 정자나 난자를 사서 맞춤아기를 만들 수도 있답니다.

어떻게 원하는 유전자를 선택할까?

자, 이제 맞춤아기를 만드는 과정을 좀 더 자세히 살펴볼까요?

먼저 난자를 얻어야 합니다. 정자는 손쉽게 얻을 수 있는데 난자는 성숙시켜서 얻어 내기까지 여성의 몸에 무리를 주는 힘든 과정을 거쳐야 합니다. 원래 난자는 여성의 좌우 난소에서 번갈아 가며 한 달에 한 개쯤 만들어진답니다. 그런데 인공적으로 체외수정을 할 때는 호르몬 성분으로 만든 과배란유도제를 여성의 몸에 주사해 동시에 난자 여러 개를 성숙시킨 뒤, 배란촉진제를 써서 난소 표면에서 난자들을 빨아들여 꺼내는 수술을 해야 합니다. 이 과정에서 과배란유도제를 맞은 여성은 두통이나 복부가 부풀어 오르는 느낌, 현기증이나 피곤함, 구토, 설사 같은 증상이 있을 수 있고, 심한 경우는 과자극난소증후군으로 복부 통증, 복수, 호흡곤란, 혈전증 같은 부작용이 일어날 수도 있습니다.

난소에서 난자들을 얻어 내면 실험실에서 정자들과 수정시켜 세포분열이 잘되는 환경에 이 수정란들을 둡니다. 수정란들은 세포분열을 해서 세포가 100개쯤으로 늘어나는 포배 상태가 되는데, 이때 세포들은 모두 줄기세포 상태이며, 여기서 세포 하나를 빼내더라도 남은 줄기세포들이 태아가 되는 데는 아무 문제가 없습니다. 이런 원리를 적용해 수정란에서 세포 하나를 빼내서 DNA를 얻어 내 유전자 검사를 하는 방법을 '착상 전 유전 진단법'이라고 합니다.

최근에는 'DNA 칩'이라는 특별한 도구를 써서 유전자 진단을 하고 있습니다. DNA 칩은 임신 진단 키트나 흡연 측정 키트처럼 세포에 특정 DNA가 존재하는지 쉽게 진단할 수 있게 만든 칩이에요. 암이나 유전병과 관련된 유전자 돌연변이를 검색하거나 진단할 때와 장기 이식을 할 수 있는지 조직 검사를 할 때 쓰거나 용의자나 친자를 확인하는 법의학 분야에서 많이 쓰고 있습니다.

DNA 칩은 마치 컴퓨터 반도체 칩처럼 작은 조각의 판에 DNA를 배열시켜 놓은 것이랍니다. DNA가 (-) 전하를 띠는 성질을 이용해 칩 표면의 특정 위치에 (+) 전하를 띠게 한 뒤 그 위치에 원하는 유전자를 붙이는 거예요. 미국의 나노젠이라는 회사에서는 이런 방법으로 DNA 1만 개를 붙일 수 있는 칩을 개발했습니다.

이 DNA 칩을 이용하면 미세한 유전적 차이도 짧은 시간 안에 찾아낼 수 있는데, 그 원리는 DNA가 아데닌, 티민, 구아닌, 사이토신의 네 가지 염기로 되어 있으며, 그중 아데닌은 티민과, 구아닌은 사이토신과 짝을 이뤄 이중나선을 이룬다는 점을 이용한 것입니다. 우선 찾고자 하는 유전자와 짝을 이루는 DNA 조각을 먼저 DNA 칩에 배열합니다. 예를 들어 '아데닌, 티민, 티민, 사이토신' 배열을 찾고 싶다면 이와 짝을 이루는 '티민, 아데닌, 아데닌, 구아닌'을 DNA 칩에 배열해 놓는 것이죠. 그리고 배아에서 얻은 세포 속의 DNA 조각에는 짝을 이루는 염기와 만날 때 형광이 나타나도록 표시를 합니다. 그다음 배아의 DNA 조각을 DNA 칩에 뿌리는데, 배아에 찾는 유전자가 있을 때는 형광이 나타나게 되는 거예요. 이런 방법을 써서 원하는 유전자를 가진 배아를 선택해 여성의 자궁에 착상시키고 9개월을 기다리

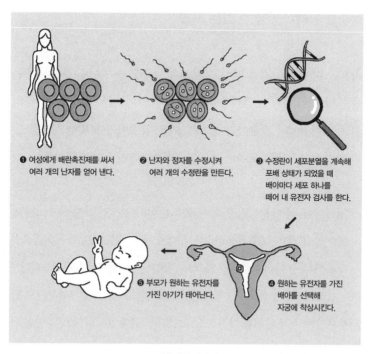

① 여성에게 배란촉진제를 써서 여러 개의 난자를 얻어 낸다.

② 난자와 정자를 수정시켜 여러 개의 수정란을 만든다.

③ 수정란이 세포분열을 계속해 포배 상태가 되었을 때 배아마다 세포 하나를 떼어 내 유전자 검사를 한다.

④ 원하는 유전자를 가진 배아를 선택해 자궁에 착상시킨다.

⑤ 부모가 원하는 유전자를 가진 아기가 태어난다.

맞춤아기 과정

면, 맞춤아기를 낳을 수 있게 되는 것이지요.

이런 유전자 검사는 지금도 하고 있어요. 착상 전에 유전자 검사를 하면 치명적인 유전병 유전자를 가진 배아를 임신 전에 골라낼 수 있답니다. 우리나라에서는 심각한 유전 질환에 대해서만 배아의 유전자 검사를 할 수 있게 법으로 정해 두었어요.

아이를 골라서 낳을 수 있는 사회

양복을 맞추고, 안경을 맞추고, 시계를 맞추고…… 이런 것만 맞추는 줄 알았는데, 아기도 내 마음대로 맞출 수 있다는군요. 머지않아 우리는 텔레비전에서 맞춤아기 광고를 보고, 맞춤아기에 대해 상담을 받을 날이 올지도 몰라요. 어떤 일이 일어날지 한번 상상해 볼까요?

"남자아이, 여자아이, 키 큰 아이, 똑똑한 아이, 잘생긴 아이…… 어떤 아이를 낳고 싶으세요? 운동선수나 음악가, 혹은 지도자로 키우고 싶으신가요? 원하는 아이를 말씀만 하세요. 저희가 바로 만들어 드리겠습니다."

텔레비전에서 맞춤아기 광고가 나오고 있다. 우리는 결혼한 지 3년 된 부부인데, 이제 아이를 가져 보려고 한다. 그런데 혹시나 우리 집안의 키 작은 유전자가 유전되지는 않을까, 아픈 아이를 낳으면 어떻게 하나, 말썽꾸러기 아이가 나오면 어쩌지, 혹시 탈모가 있진 않을까…… 걱정이 한두 가지가 아니다. 그래, 나쁜 유전자를 물려받았다고 나중에 자식 녀석이 나를 원망하면 어쩐단 말이다. 내가 키도 작고 운동도 잘 못해서 친구들한테 얼마나 놀림을 받았는데. 과학기술이 발달하니 우리 마음대로 유전자를 고를 수도 있고 좋네. 맞춤아기라……. 그래, 최첨단 기술이 주는 혜택이야. 완벽하게 태어나면 얼마나 행복하겠어?

그런데, 사람을 로봇처럼 만들어 내는 것 같아서 이상한 느낌이 들긴 하네. 원래 생명이란 신이 주시는 선물인데……. 복잡하군. 직접 찾아가 상담이나 받아 봐야겠다.

"어떤 아이를 원하시는지 말씀만 하세요. 저희가 도와 드리겠습니다."

"글쎄요. 어떤 아이를 선택할 수 있죠?"

"우선, 성별을 선택하실 수 있습니다. 그리고 운동 능력을 선택하실 수 있어요. A등급을 선택하시면, 최상급의 운동 능력을 가지고 태어나 타고난 운동선수가 될 수 있습니다. 근력, 지구력, 순발력, 평형감각 등 모두 최상급이죠. 요즘 운동선수들이 인기도 많고, 돈도 많이 버는 거 아시죠? B등급은 상급 정도의 운동 능력으로, 운동을 웬만큼 한다는 얘기를 들을 거예요. 가끔 공부만 잘하는 아이를 원하시는 부모님이 있는데, 그럴 경우 운동 능력을 선택하지 않으시면 됩니다."

"다른 유전자는 어떤 것을 선택할 수 있나요?"

"건강 유전자도 선택하실 수 있어요. A등급은 타고난 건강 체질을 말하는데, 어릴 때부터 잔병치레도 거의 없죠. 예상 수명은 120세 이상입니다. B등급은 일반적인 건강 체질로, 예상 수명은 90세입니다. 80세 이후 집중력이 떨어질 확률은 30% 정도입니다. 외모 유전자도 선택할 수 있습니다."

"혹시 아이의 지능이나 사회성 유전자도 선택할 수 있나요?"

"그럼요. A등급은 아이큐가 140 이상으로 창조적이며 통솔 능력이 있는 지능이며, 대학에서 우수한 성적으로 졸업해 고급 전문직 일을 하게 될 것입니다. B등급은 아이큐가 120에서 140 정도로 학교에서 평균 성적보다 조금 높은 성적을 올릴 거예요. 다른 사람을 지도하는 데 적합한 능력을 가지며, 사업가나 전문직 일을 할 가능성이 높습니다.

사회성 유전자도 원한다고 하셨죠? A등급은 친구를 쉽게 사귀고 다

른 사람을 돕기 좋아하며 유머 감각도 있어서 많은 사람들이 따르는 유전자입니다. 통솔력이 있어 집단에서 리더가 될 확률이 높지요. B등급은 친구가 많고, 활기차고, 분주한 곳에서 휴가를 보내는 것을 좋아합니다. 유머 감각도 있고 사회성이 높으며, 집단에서 리더가 될 확률이 50% 이상입니다. 일반적으로 A등급 유전자를 한 가지 선택하실 때마다 30만 달러, B등급은 20만 달러가 추가됩니다. 모든 유전자를 A등급으로 선택하시면 성별은 무료로 고르실 수 있습니다."

우월한 유전자들의 세상

하지만 한편에서는 맞춤아기 기술을 반대하는 사람들도 있습니다. 영국의 비영리 단체 인간유전학경계(HGA)의 회장인 데이비드 킹은 "맞춤아기는 다른 목적을 이루기 위한 수단이다. 인간의 생명이 그 자체로 목적이 되지 못한다는 것은 심각한 문제"라고 맞춤아기를 비판했다고 합니다.

자, 그럼 착상 전에 배아의 유전자를 검사해 아이의 미래를 미리 알아볼 수 있고, 부모가 원하는 특성을 가진 아기를 낳을 수 있는 세상을 한번 상상해 볼까요?

나는 자연 임신으로 태어났다. 왜 엄마가 유전학자의 말을 믿지 않고 신의 뜻을 따랐는지 모르겠다. 예전에는 태아의 초음파 사진을 보면서 손가락 열 개, 발가락 열 개가 있는지 헤아리면서 아이가 이상이 없다고 마음을 놓았지만, 지금은 아니다. 나는 갓 태어났지만, 언제 어떻게 죽을지 알고 있다.

내가 가지고 태어난 유전 정보는 신경계 질병 가능성 60%, 우울증 가능성 42%, 집중력 장애 가능성 89%, 심장 질환 가능성 99%, 조기 사망 가능, 예상 수명 31년.

어려서부터 난 알고 있었다. 나는 만성적 질병에 시달릴 수 있고, 조그만 상처에도 죽을 수 있다는 것을. 그래서 부모님은 내가 다칠까 봐 늘 걱정하셨고, 보험회사에서는 내가 보험 드는 것을 거부했다.

우리 부모님은 둘째 아이를 갖고 싶어 했는데, 이번에는 다른 부모들처럼 인공수정으로 아이를 낳기로 결정했다. 그래서 내 남동생 유전자에는 질병 가능성이나 조기 탈모, 근시, 알코올 중독, 폭력 성향, 비만 같은 나쁜 유전자는 모두 없애고, 큰 키, 좋은 운동신경, 높은 지능 등을 추가했다.

— 영화 〈가타카〉 내용 가운데 일부를 재구성

영화 〈가타카〉에는 두 종류의 사람이 나옵니다. 부부가 사랑해서 자연스럽게 임신이 되어 태어난 '신이 만들어 준 아이', 그리고 부모의 정자와 난자를 얻어 낸 뒤 최상의 DNA를 조합해 시험관에서 잉태되어 태어난 '인간이 만든 아이'.

인공수정으로 만들어진 아이들은 좋은 유전자 덕분에, 그리고 그런 아이들만이 고등교육을 받고 전문직을 가질 수 있는 사회 구조 덕

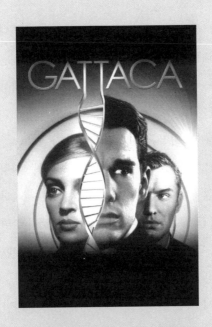

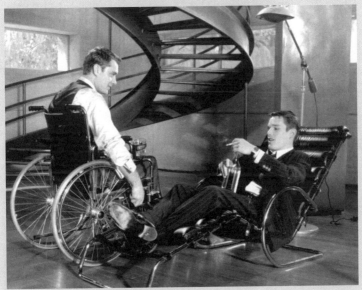

영화 〈기다카〉는 유전자를 선택해 아이를 낳는 것이
일반적인 사회의 모습을 그리고 있다.

분에 엘리트로 성장합니다. 그리고 부모가 돈이 없거나 정말 사랑해서, 자연의 순리로 태어난 보통 아이들은 하층민으로 살아가야 합니다. 태어날 때부터 생물학적으로 신분이 정해지는 세상이 된 거예요. 좋은 유전자를 갖고 태어난 아이들도 부모의 기대에 따라야 하는 부담감 때문에 행복하지만은 않습니다.

지금 우리 사회에서도 태어날 때부터 주어지는 환경 차이를 극복하는 게 쉽지 않습니다. 하물며 유전자의 질에 따라 신분이 결정되는 세계에서는 어떨까요? 인간의 운명을 유전자 검사로 미리 점치고, 그 운명을 인간의 의지로 바꿀 수도 없는 세상. 게다가 세대가 반복될수록 그 차이는 점점 더 커질 것입니다.

〈가타카〉에서 자연 임신으로 태어난 빈센트 프리먼은 심장 질환 같은 온갖 병에 걸릴 가능성이 높고 예상 수명이 31세밖에 되지 않는 열성인자를 갖고 태어났습니다. 그는 인공수정으로 우성유전자를 갖고 태어난 동생에게 늘 열등감을 느낍니다. 우주 비행사를 꿈꿨지만, 유전자 검사로 사람의 능력을 판단하는 사회에서 프리먼은 청소부로 살아야 했어요. 어쩔 수 없이 그는 우성 신분으로 위조해 주는 중개인을 찾습니다. 프리먼은 자신의 유전자를 속이고 엘리트로서 새 인생을 살기 위해 날마다 각질과 털을 제거하고, 가짜 피부조직과 가짜 혈액 샘플, 소변 샘플을 준비합니다. 프리먼이 이렇듯 철저하게 자신을 관리하는 것은 유전학적인 차별에서 벗어나려는 처절한 몸부림이었습니다. 이처럼 생명을 통제하려는 태도는 인간의 모든 가능성을 닫아 버리고 인간을 구속하는 결과를 낳을 수 있습니다.

나는 아픈 언니를 치료하기 위해 태어났어요

한편, 질병을 치료하기 위해 맞춤아기를 허용하는 나라들도 있습니다. 이미 영국에서는 2003년에 치료용 맞춤아기가 태어났습니다. 찰리 휘태커(당시 4세)는 '다이아몬드 블랙팬 빈혈(DBA)'이라는 희귀병을 앓고 있었는데, 스스로 적혈구를 만들지 못해 날마다 주사를 맞고 3주에 한 번씩 수혈을 받아 겨우 생명을 유지해 왔습니다. 치료를 하기 위해서는 찰리와 조직이 일치하는 골수를 이식받아야 했지요. 골수는 뼛속에서 혈구를 만들어 주는 부분을 말하는데, 찰리의 부모와 여동생은 모두 찰리와 조직이 일치하지 않아 골수를 이식할 수 없었죠. 그런데 때마침 영국의 인간생식배아관리국에서 치료용 맞춤아기를 허용하는 방침이 결정되었습니다. 찰리의 부모는 시험관 시술을 해서 수정란을 여러 개 만들었고, 이 중에서 찰리와 조직이 가장 일치하는 수정란을 선택해 제이미가 태어났습니다. 그리고 찰리는 제이미의 태반에서 얻어 낸 세포를 이식받아 정상적인 적혈구를 만들 수 있게 되었답니다. 동생의 골수를 이식받은 찰리는 3개월 만에 빈혈을 치료하게 되었습니다. 찰리와 가족에게 굉장한 축복이었겠죠?

미국에서는 2000년에 '판코니 빈혈'이라는 희귀병을 앓고 있던 몰리(당시 6세)를 치료하기 위해 맞춤아기 동생이 태어났습니다. 몰리는 맞춤아기인 동생의 탯줄 혈액을 이식받고 완치되었지요. 오스트레일리아 빅토리아 주 보건부는 2002년에 자녀의 질병을 치료하는 목적으로 출산하는 맞춤아기를 허용했고, 수정란과 태아의 유전자 검사를 허용하지 않던 프랑스도 2005년에 유전자 검사와 맞춤아기 출산을 허용했습니다. 영국 맨체스터 대학의 생명윤리학 교수 존 해리스는 "맞춤아기를 허용하지 않았더라면 우리는 한 아이의 죽음을 보았을 것입니다. 하지만 지금 우리는 건강한 두 아이를 보게 되었습니다. 맞춤아기 허용은 더 이상 설명이 필요 없는 정당한 결정입니다"라고 말하며 맞춤아기 기술을 허용하는 방침을 지지했습니다.

하지만 여기에는 분명히 윤리적인 문제가 있습니다. 치료를 위한 맞춤아기는 어떤 목적을 위해 태어나고, 형제에게 자신의 신체나 장기를 나눠 줘야 할 운명을 타고나기 때문입니다. 게다가 이런 과정에서 여러 가지 약물 주사를 맞거나, 건강을 유지하기 위해 행동에 제약을 받을 수 있습니다.

영화 〈마이 시스터즈 키퍼〉는 희귀병을 가진 언니를 위해 태어난 맞춤 동생 안나의 이야기입니다. 맞춤아기로 태어난 동생은 어떤 느낌을 받고, 어떤 고통을 겪을지 한번 살펴볼까요?

우리 언니는 백혈병이에요. 전골수구백혈병. 우리 엄마 아빠는 케이트 언니를 살리기 위해 날 낳았어요. 우리 엄마는 자신 있게 말했죠.

"엄마 아빠는 얻으려는 게 뭔지 정확히 알았기 때문에, 널 훨씬 더 사랑했단다."

내 피가 언니의 혈관으로 스며들고 있어요. 언니에게 줄 백혈구를 뽑기 위해 간호사들이 날 꼼짝 못 하게 눌러요. 골수를 뽑고 나면 멍이 들고 뼈가 욱신거려요. 그리고 언니에게 줄 골수를 만들려고 나는 몸속 줄기세포를 더 많이 생기게 하는 주사를 맞아요. 나는 언니처럼 아프지는 않지만 차라리 아픈 게 낫겠다는 생각이 들곤 해요. 지금 이 순간에도 내 몸에 대해 중대한 결정을 하고 있지만, 정작 당사자인 나한테는 아무것도 묻지 않아요.

내가 언니에게 처음으로 준 건 제대혈(출산할 때 태반과 탯줄에 있는 혈액)이었어요. 신생아 때였죠. 언니는 나아지는 듯했지만 내가 다섯 살 때 백혈병이 재발했고, 나는 언니를 위해 림프구를 세 번이나 뽑아야 했어요. 한 번에 충분히 얻을 수 없나 봐요. 림프구도 소용이 없자 골수를 뽑아 이식했어요. 언니가 감염됐을 때는 과립 백혈구를 기증해야 했고, 또 재발했을 때는 말초혈액 줄기세포를 기증해야 했어요.

엄마 아빠는 내가 필요할 때가 아니면 나에게 신경도 쓰지 않아요. 언니가 아프지 않았다면 난 태어나지도 않았겠죠.

내 몸의 권리를 찾기 위해 엄마 아빠를 고소하고 싶어요.

— 〈마이 시스터즈 키퍼〉 내용 가운데 일부를 재구성

〈마이 시스터즈 키퍼〉에서 언니 케이트의 희귀병을 치료하기 위해 태어난 맞춤 동생 안나는 이제껏 언니의 치료를 위해 자신의 제대혈, 백혈구, 줄기세포, 골수 등을 내주었어요. 그런데 부모는 이제 언니를 위해 신장까지 이식하자고 합니다. 부모는 늘 케이트만 신경 쓰고, 안나는 무시당하는 느낌을 받지요. 열세 살이 된 안나는 자신의 정체성에 대해 고민하고, 언제나 당연히 언니의 관점에서 자신의 존재가 규

언니의 백혈병 치료를 위해 태어난
주인공의 인생은 누구의 것일까?

정되어 온 것에 대해 의문을 품습니다. 그리고 자기 몸에 대한 권리를 찾기 위해 부모를 고소하려고 해요.

맞춤아기 기술의 윤리적 문제는 이 영화에서처럼 태어날 아이의 존엄성과 자율권을 침해한다는 점입니다. 부모가 아이의 유전자를 선택해서 높은 지능이나 뛰어난 운동 능력을 얻고 질병에 걸리지 않는다 하더라도 그것은 부모가 아이의 인생을 미리 정하는 일이지요. 따라서 아이가 열린 미래를 맞이할 권리와 아이 스스로 인생을 계획할 권리를 빼앗는 것입니다. 그리고 앞에서 살펴본 것처럼 아이의 외모, 성격, 지능 같은 것을 선택하여 맞춤아기를 낳는다면 인간이 상품화될 수도 있을 거예요.

생각해 볼 만한 또 다른 문제

맞춤아기 기술의 또 다른 문제는 인공수정을 한 뒤 남은 수정란들을 어떻게 해야 하느냐는 문제입니다. 앞에서 이야기한 것처럼 수정란이 세포분열을 시작해서 태아가 되기 전까지를 배아라고 해요. 부모가 원하는 유전자를 가진 수정란을 선택하고 나면 남은 수정란들은 버리거나 나중에 다시 쓰기 위해 냉동 보관을 하는데, 이렇게 남은 수정란(혹은 배아)을 잉여 배아라고 합니다. 불임 부부들이 주로 하는 시험관 시술에서도 마찬가지로 잉여 배아가 생기지요. 배아를 생명체로 봐야 하는지 아닌지 여전히 논란이 되고 있습니다. 하지만 배아는 오랫동안 냉동 보관해도 손상되지 않기 때문에 냉동 배아로도 아이를 낳을 수 있는 게 분명한 사실입니다. 처음 냉동 배아로 사람이 태어난 것은 1984년 오스트레일리아에서였어요. 2010년 미국에서 10년 동안 불임 치료를 받던 여성이 19년 7개월 동안이나 냉동 상태로 보관되어 있던 다른 부부의 배아를 착상시켜 아이를 낳은 경우도 있습니다. 이처럼 사람으로 태어날 수 있는 잉여 배아를 그냥 버리거나 연구에 쓰는 것은 큰 논란거리입니다.

생명공학이 발전하고 생명을 다루는 산업들 덕분에 생명을 연장하거나 더 건강하게 살고, 자신이 원하는 아이를 낳을 수 있는 세상이 열렸습니다. 하지만 이런 것들이 지나치면 돌이킬 수 없는 문제가 생길 수도 있습니다. 인간의 존엄성이 위협받지 않도록 경계하고 잘 감시하면서 생명공학 기술을 이용할 때만 진정으로 '멋진 신세계'가 되지 않을까요?

좋은 유전자를 골라 아이를 낳는 것, 그런 아이로 태어나 성장한다는 것, 맞춤아기로 다른 한 생명을 살리는 것은 매우 멋진 일일 수 있습니다. 하지만 이런 기술은 자칫 인간의 존엄성을 위협할 수도 있습니다. 여러분의 생각은 어떤가요? 과연 '생명'이란 무엇일까요?

4

반도체 공장 이야기

편리한
디지털 세상의 비밀

반도체를 만들던 사람들이 왜 백혈병에 걸렸을까?

2014년 6월 26일, 평범해 보이는 몇 사람이 법정에 섰습니다. 반도체를 만드는 공장에서 일하던 사람, 혹은 반도체 공장 노동자의 가족이었어요. 그들은 회사를 상대로 소송을 냈답니다. 본인이, 혹은 가족이 반도체를 만들다가 백혈병에 걸렸기 때문이에요. 그들에게 무슨 일이 일어난 걸까요? 한번 법정 속으로 들어가 이들의 이야기를 들어 볼까요?

원고 황상기 씨 • 반도체 백혈병 피해 노동자 고 황유미 씨 아버지

안녕하십니까, 재판장님. 저는 황유미 아버지입니다.

우리 유미는 반도체 공장 3라인 3베이에서 일을 하다가 이숙영 씨와 함께 급성 골수성백혈병에 걸려 죽었습니다. 그때 제가 회사 관계자에게 물으니까 백혈병 환자는 다섯 명밖에 없으며 산업재해도 아니고 해로운 화학물질도 안 쓰며 전리방사선도 안 쓴다고 했습니다. 그런데 지금 와서 보니까 암 환자가 200명이 넘습니다. 산재보험은 노동자가 일하다가 다치거나 병이 나거나 사망하면, 노동자 가정이 파탄 나는 것을 막기 위해 만든 사회 보장성 보험이라고 생각합니다.

유미가 반도체 공장에서 일하다 죽는 바람에 유미 할머니는 화병으로 돌

아가셨고, 제가 집을 지으려고 모아 놓았던 1억 몇천만 원도 치료비와 경비로 다 날아가고, 유미 엄마도 지금까지 우울증으로 고생하고 있고, 저도 유미가 백혈병에 걸린 원인을 찾으려고 이리저리 쫓아다니고 있습니다.

이제는 반도체 공장에서 백혈병이나 암 환자가 그만 나와야 한다고 생각합니다. 그러려면 우리 유미의 죽음이 산업재해로 인정받아서 법으로 보호를 받고, 반도체 공장도 법으로 제재를 해야 다시 이런 일이 일어나지 않도록 노력할 거라고 생각합니다.

2011년 6월 23일 행정소송 1심에서 유미와 이숙영 씨가 승소했습니다. 그런데 그 뒤에도 암이나 백혈병에 걸린 환자가 계속 나오고 있습니다. 이제는 그 고리를 끊어야 합니다. 재판장님, 우리 유미를 포함해서 병이 들었거나 죽은 노동자들의 어려움을 헤아려 주십시오. 현명한 재판장님의 판결을 기다리고 있겠습니다. 들어 주셔서 고맙습니다.

원고 김은경 씨 · 반도체 백혈병 피해 노동자

온양 공장에서 일한 김은경입니다.

(중간 생략)

TCE라는 게 어떤 화학물질인지 교육을 못 받았고 알지도 못했기 때문에 제 후배들에게도 그런 교육을 전혀 하지 못했습니다. 제가 백혈병에 걸려서 여기에 나오기 전까지도 솔직히 몰랐습니다. 우리가 이렇게 무지할 정도로 회사는 화학물질에 대해서 어떤 안전 교육도 하지 않았습니다. 장갑 같은 것도 경비를 아끼기 위해 저희들이 빨아서 해어질 때까지 쓰고, 심지어 생산량을 맞추기 위해서 장갑조차도 끼지 못하고 맨손으로 TCE 용액을 만지는 게 일상이었습니다. 결국 저도 2005년에 백혈병 진단을 받고…… 많이 아팠습니다. 지금도 몸도 마음도 많이 지쳐 있습니다. 얼마 전에 입사 동기를 만났는데 그 애도 암에 걸려 있었어요. 제 앞에서 많이 울더라고요…… . 그 애가 이번에 좋은 판결이 나서 우리한테도 희망이 보였으면 좋겠다고 했어요. 이런 어려운 여건을 잘 판단하셔서 귀한 판결 부탁드리겠습니다.

원고 송창호 씨 · 반도체 악성림프종 피해 노동자

온양 반도체에 1993년에 입사한 송창호입니다. 저는 도금 공정에서 일을 했습니다.

(중간 생략)

제가 도금 공정에서 썼던 수십 가지 약품과 납, TCE…… 그때는 그런 것들이 발암물질이 아니었습니다. TCE가 위험하다고 (지금은) 이야기하지만 그때는 그냥 우리가 평상시 쓰는 알코올 같은 약품이었습니다. 저희가 쓰기 좋아하는…… . 왜 그러냐면 이게 잘 지워지거든요. 오염된 것도 잘 지워지고…… . 저희에게는 아주 좋은 약품이었습니다. 잘 지워지고, 작업하기 쉬운 그런 약품이었는데 나중에, 지금에 와서 보니 그게 발암물질이었던 겁니다. 회사나 근로복지공단 얘기로는 그때도 관리했다고 하는데, 그때는 발암물질도 아니었는데 무슨 관리를 했다는 것인지 참 의문이고요. 그때 관리를 하고 그런 얘기를 했으면 저희도 쓰면서 조심했을 테고, 그러면 저희도 아프지 않고 이런 일은 안 일어났을 텐데…… .

원고 정애정 씨 · 반도체 백혈병 피해 노동자 고 황민웅 씨 아내

저는 황민웅의 아내 정애정입니다. 저는 애기 아빠와 사내 커플이었습니다. 애기 아빠보다 제가 더 오래 반도체 현장에서 일했습니다. 전 1995년에, 애기 아빠는 1997년에 입사했습니다.

(중간 생략)

애기 아빠가 백혈병으로 사망하고 법적 다툼을 하다 보니까 여기서는 구체적인 증거들이 정말 많이 필요하더라고요. 그런데 일한 노동자들은 죽고 없으니 그 증거들을 가족들이 대야 하는데 그게 어렵습니다. 반도체 공장에서 일했던 저도 정확하게 기억나지 않아서 어떤 물질을 썼는지 증명할 수 없습니다. 다만 제가 다녔을 때 여사원들은 생산 라인에만 들어가면 코피를 흘리고 하혈을 하고 두통이나 어지럼증에 시달렸어요. 그리고 남자 사원들은 뭔가 이상이 생겨서 아이를 못 낳는다고 이야기했습니다. 그때는 우리가 쓰고 있는 물질이나, 반도체 현장의 문제 때문에 그런 일이 생기는 거라고 전혀 생각을 못 했습니다. 그런 정황들을 두루 살피셔서 판결을 내려 주시면 좋겠습니다.

황유미 씨는 고등학교를 졸업한 뒤 반도체 공장에서 일하게 되었어요. 유미 씨는 스무 살 한창 예쁜 나이에 화장도 하고 싶었지만, 반도체 공장에서 일하는 여성들은 화장을 하고 생산라인에 들어갈 수 없었어요. 유미 씨는 웨이퍼를 씻는 일을 했어요. 두 사람이 한 조가 되어 손으로 웨이퍼를 혼합액에 담갔다가 빼는 일을 했지요.

유미 씨는 자신이 쓰고 있는 화학물질에 대해 안전 교육을 제대로 받지 못했어요. 게다가 조별로 경쟁해서 불량이 적은 반도체를 많이 생산해야 수당이 많이 들어왔기 때문에, 안전장치를 풀고 일할 때도 많았죠. 유미 씨는 통장에 쌓여 가는 월급을 보면서 동생 공부시키고 나중에 시집갈 때 혼수 장만할 생각에 하루하루 고된 노동을 견뎠습니다. 하지만 공장 생활은 쉽지 않았어요. '굴뚝 없는 깨끗한 산업'으로 알려진 반도체 산업은 사실 수백 가지 화학물질을 다루는 첨단 공해산업이라고 해도 지나친 말이 아니랍니다. 공장 환경은 숨 쉬는 것조차 어려울 정도였고 몸에 멍이 자주 들며, 먹으면 토하고 어지러웠죠. 결국 유미 씨는 입사한 지 2년이 안 되어 백혈병 진단을 받게 됩니다.

유미 씨 아버지는 처음엔 딸이 운이 나빠 백혈병에 걸렸다고 생각했어요. 그런데 딸이 병원에 입원해 있을 때, 같은 공장에서 엔지니어로 일하던 황민웅 씨도 백혈병으로 치료받고 있다는 사실을 알게 되면서 딸의 병이 공장에서 일을 하다가 얻은 게 아닐까 하는 생각이 들었어요. 유미 씨와 같은 곳에서 일했던 최 씨가 유산을 해 회사를 그만두었고, 그 자리에서 일한 이숙영 씨 역시 백혈병에 걸려 사망했다는 사실도 알게 되었죠. 그렇지만 반도체 회사에서는 유미 씨나 회사 동료들이 병에 걸린 것은 반도체를 만들면서 위험한 물질을 다루었기 때문이 아니라 유전이나 개인적인 이유 때문이라면서 병원비와 치료비를 주지 않았답니다. 회사 말대로 이들은 정말 원래 몸이 약해서 병에 걸려 죽은 것일까요? 편리한 디지털 시대의 주인공인 반도체를 만드는 과정은 과연 전혀 위험하지 않은 것일까요?

규석기 시대

"늦었다!" 디지털시계의 알람 소리를 듣고도 다시 잠이 들어 버렸나 봐요. 디지털시계의 숫자판이 '넌, 지각이야' 하는 것만 같아요. 내가 유치원 다닐 때만 해도 시계에는 째깍째깍 소리를 내며 달리는 바늘이 있었어요. 시계 읽는 법 배우느라 엄마한테 꿀밤도 맞았죠. 지금 디지털시계는 숫자로 시각을 바로 알려 주는데 그땐 왜 불편하게 시계에 바늘을 넣어서 어린 나를 괴롭혔을까…….

하여튼 늦었어요. 거실에 있는 고선명(HD) 디지털 텔레비전에서 배우 얼굴이 확대되면서 모공까지 선명하게 보여요. 저 배우는 디지털 시대에 맞는 화장법을 익혀야겠네요. 늦었는데 별 참견을 다하지요? 급하게 가방을 챙겨서 문을 확 열고 나왔어요. 달려가는데, 뒤에서 문이 닫히며 저절로 "치익, 찰칵" 잠기는 소리가 들려요. 내가 유치원 다닐 땐 열쇠가 없으면 집에도 못 들어갔는데. 이제는 가족들 손가락 지문만 저장해 놓으면 돼요. 열쇠가 없어도, 비밀번호를 몰라도 그냥 손가락만 갖다 대면 문이 열려요. 열쇠로 문을 안 잠가도 되니 시간을 벌었네요.

핸드폰을 꺼내 앱으로 지금 버스가 어디 있는지 확인했어요. 앗, 1분 뒤 도착이다. 뛰어라. 겨우 버스를 탔어요. 옆 반 민석이도 버스에 타고 있네요. 저 녀석은 맨날 음악에 빠져 살아요. 우리 아빠가 청년이었을 때는 워크맨이라는 큼지막한 상자 같은 걸 들고 다녔대요. 핸드폰 하나에 음악이 얼마나 많이 들어가는데, 왜 그렇게 큼지막한 걸 들고 다녔을까요. 버스에서 내려 이제는 전력 질주! 교문을 지나갈 때 핸드폰 카메라로 학교 시계와 내 얼굴을 인증 샷으로 찍었어요. 샘이 지각했다고 하면 아니라고 교문을 지나간 시간을 보여 주며 사정을 좀 해 보려고요. 우리 아버지 때는 카메라에 필름이라는 것을 넣어서 서른 장쯤 찍고 나면 또 필름을 갈아 끼워야 했대요. 이제는 스마트폰으로 사진을 엄청 많이 찍을 수 있어요. 게임만 몇 개 지우면 사진 몇천 장 정도는 거뜬할 거예요. 우리 아버지는 아직도 옛날 카메라를 안방에 두고 있어요. 셔터 누르는 소리를 들으면 옛 추억이 떠오르고 마음이 편해진대요. 묵직한 셔터 소리가 좋은가 봐요. 하긴 아버지 몸도 묵직하시니.

수학 시간이에요. 수학 샘은 얼리어답터예요. 수업 시간에 조마다 태블릿을 나눠 주고, 문제를 풀어서 발표할 때는 푼 식을 칠판 화면에 띄워 놓고 한답니다. 우리 아버지 때는 교실에 녹색 칠판과 분필이 있었고, 학생들에게 그림을 보여 주려면 큼지막한 종이가 여러 장 묶여 있는 궤도라는 것을 칠판에 걸어 놓고 한 장 한 장 넘겨 가며 보여 주었다고 하더군요. 얼마 전에 체험 학습을 갈 때 대박이었어요. 수학 샘 차를 얻어 탔는데, 블루투스로 샘 스마트폰에 있는 음악을 트는 거예요. 우리 아빠 차에는 그런 거 없는데.

오늘날 우리나라 학생들의 일상적인 모습이지요. 우리의 평범한 일상 곳곳에서 디지털 전자 제품을 볼 수 있게 만든 일등 공신은 엄청난 속도로 용량과 성능이 발전한 반도체예요. 그러니까 지금은 석기, 청동기, 철기 시대를 넘어 바야흐로 규석기 시대랍니다. 왜 규석기냐고요? 반도체를 만드는 원료로 규소(Silicon)를 가장 많이 쓰기 때문이지요. 디지털 시대는 속도가 중요해요. 작동하는 속도뿐만 아니라 저장하는 용량이 커지는 속도도 굉장히 중요해요. 세계적인 반도체 회사들은 얼마나 작은 공간에 얼마나 많은 정보를 저장할 수 있는지 경쟁하고 있습니다.

그리고 드디어 디지털과 인터넷이 만나게 되자 상상을 현실로 만들어 버리는 세상이 되었어요. 그것도 아주 빠른 속도로요. 음악을 자기 테이프에 기록해서 재생하는 카세트테이프 플레이어가 휴대용 CD 플레이어로 바뀌더니 곧 MP3 플레이어가 그 자리를 대신했죠. 그러다 이제 우리는 인터넷을 통해 실시간으로 들을 수 있는 스트리밍 방식으로 음악을 들어요. 얼마나 많은 사람들이 듣고 있는지 실시간으로 확인하면서 말이죠. 우리는 이렇게 반도체가 세상을 바꾸어버린 규석기 시대에서 살아가고 있답니다.

반도체는 어떻게 세상을 움직일까?

규석기 시대를 대표하는 물건 가운데 디지털 카메라를 빼놓을 수 없겠지요. 디지털 카메라에는 반도체가 여러 개 들어 있어요. 반도체마다 하는 일이 달라요. 먼저 사물의 3D 상태에서 반사된 빛이 렌즈로 들어오면 그 빛을 사진에 나타나는 2D 정보로 바꾸는 반도체가 있습니다. 그다음, 이미지 센서라는 반도체가 2D로 바뀐 빛의 아날로그적 정보를 디지털 신호로 다시 바꿔요. 그러면 이미지의 품질을 수정하는 이미지 신호 처리 장치라는 반도체가 작동해요. 이렇게 반도체 몇 개를 거치면서 바뀐 이미지는 메모리카드에 저장되는데, 이 메모리카드도 반도체랍니다.

우리가 스마트폰 다음으로 자주 쓰는 반도체가 있어요. 교통카드와 신용카드에도 쓰이고 최근에는 여권에도 들어가는데, 바로 스마트카드 또는 IC(집적회로) 카드라고 하는 거예요. 이 IC 카드에 있는

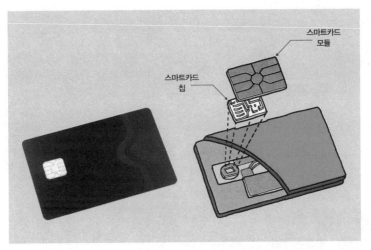

스마트카드

반도체 안에는 CPU, 메모리, 운영체제(OS)가 다 들어 있어요. 그래서 일정한 전기신호를 받아 필요한 정보를 저장하거나 보안 시스템을 움직이게 할 수도 있지요.

요즘 밤거리에 나가 보면 조명이 굉장히 화려하고 변화무쌍해서 마치 빛이 춤추는 것처럼 느껴지곤 하죠. LED(발광 다이오드)가 바로 그 춤추는 빛의 주인공이에요. 자동차 헤드라이트, 광고 간판, 일반 전구 등 안 쓰이는 곳이 없을 정도인 LED도 실은 반도체랍니다. 두 개의 반도체 사이로 전자가 이동하며 에너지를 만들어 내는데, 이때 빛의 형태로 에너지를 만드는 게 LED예요. 이 LED는 수명이 길고 전력을 적게 쓰면서 기능이 다양하다고 합니다.

전자 제품 회로도를 본 적 있나요? 알 수 없는 기호들이 마치 고대

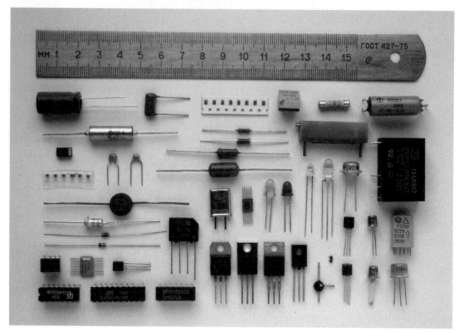

다양한 회로 부품들

이집트의 상형문자처럼 얽히고 쌓여서 대체 이게 뭔가 싶습니다. 그런데 이 회로도에 들어가는 부품들을 분류해 보면 실제 종류가 그리 많지는 않아요. 스위치, 저항, 축전기, 다이오드, 트랜지스터, 집적회로 같은 건데 우리들도 한번쯤은 들어 봤던 것들이지요. 구별하는 것도 그리 어렵지 않아요. 다리가 두 개 달린 것은 다이오드, 다리가 세 개인 것은 트랜지스터, 지네처럼 다리가 여러 개 달린 것은 집적회로라고 보면 대체로 맞습니다. 아, 다리가 두 개 달린 것 중에서 덩치가큰 것은 축전기인데, 물탱크처럼 전기를 잠시 담아 두는 장치랍니다. 그리고 두 팔을 벌리고 있는 게 저항이에요.

당연히 각자 하는 일이나 능력이 다르겠죠? 다이오드는 전류를 한쪽 방향으로만 흐르게 하고, 트랜지스터는 전류의 세기를 크게 늘려 일정하게 유지해 준답니다. 이런 다이오드나 트랜지스터를 따로 쓰지 않고 하나의 반도체 칩에 여러 기능을 다 집어넣은 것이 바로 조금 전에 얘기한 집적회로, 다시 말해 IC입니다. 컴퓨터에서 사용하는 CPU나 저장 장치인 RAM 혹은 ROM 같은 것들이 집적회로이지요.

덩치는 줄고, 머리는 똑똑해지고

컴퓨터와 인터넷의 발달은 우리가 살고 있는 사회를 빠르게 변화시켰어요. 게다가 스마트폰이 널리 보급되면서 사람들은 손바닥 안에서 온 세상을 들여다볼 수 있게 되었죠. 이 엄청난 양의 정보는 어떻게 만들어져서 어떻게 전달되고 있을까요? 그것은 뜻밖에도 1과 0, 두 숫자의 단순한 조합으로 만들어 낼 수 있어요. 전기를 공급해야 움직이는 기계들은 단순하답니다. 두 가지 경우밖에 알아듣지 못해요. 전기가 '통한다'와 '통하지 않는다'. 전기가 통하는 것이 1이고, 통하지 않는 것이 0이에요. 1과 0만 쓰는 수 체계를 이진법이라고 하는데, 이것이 곧 기계의 언어랍니다. 이진법에서 1이냐 0이냐를 표현하는 한 자리를 비트(bit)라고 하는데, 이것이 정보량의 최소 기본 단위예요. 1비트의 정보를 처리하는 기계라면 1과 0 두 가지 경우만 취급하겠지만, 2비트 기계라면 00, 01, 10, 11 이렇게 네 가지 경우를 쓰겠죠.

이렇게 1과 0으로 이루어진 전기신호에 따라서 기계가 글자를 표현하거나 소리와 영상을 재생할 수 있습니다.

이제 기계의 언어가 인간의 언어를 대신하는 것을 넘어서 세상의 모든 것을 표현할 수 있는 세상이 되었습니다. 물론 이런 반도체 시대가 하루아침에 온 건 아니에요. 많은 과학자들이 오랫동안 끊임없이 연구하고 노력한 결과랍니다. 자, 그럼 반도체의 조상님들을 한번 만나 볼까요?

첫 번째 세대는 진공관이에요. 진공관은 1904년에 영국의 과학자 존 플레밍이 만들었어요. 유리관 내부에 두 개의 전극을 넣고 다른 물질이 들어가지 않도록 막습니다. 그런 뒤 (-) 전극을 가열하면 열전자가 나오는데 그것이 (+) 전극으로 끌려가면서 전류가 흐르게 됩니다. 1946년 미국에서는 이 진공관으로 최초의 컴퓨터인 '에니악(ENIAC)'을 만들어 냈어요. 진공관을 무려 1만 8000여 개나 썼는데, 크기가 폭 24m, 높이 2.5m, 무게는 30톤이나 되었지요. 도로에서 흔히 보는 1톤 트럭을 서른 대나 쌓았다고 상상해 보세요. 그렇지만 에니악의 처리 능력은 지금 우리가 쓰는 개인 컴퓨터 한 대 정도 수준밖에 안 됐어요. 에니악의 문제는 크기와 무게만이 아니었습니다. 전기신호 증폭기인 진공관 내부에서 (-) 전극 구실을 하는 필라멘트가 달구어지면서 전자를 발생시키는데, 이 열 때문에 유리관이 종종 터져 버렸답니다. 필라멘트는 끊어지기 일쑤였지요. 진공관 1만 8000개 가운데 하나라도 고장 나면 에니악이 멈춰 버렸대요. 덩치만 큰 애물단지였겠어요.

존 플레밍이 만든 최초의 진공관 다이오드와
진공관 1만 8천 개로 만든 최초의 컴퓨터 에니악

트랜지스터를 발명한 사람들.
왼쪽부터 존 바딘,
윌리엄 쇼클리, 월터 브래튼

이렇게 커다랗고 잘 터져 버리는 진공관을 대신할 증폭기가 필요했겠죠? 필요는 발명의 어머니라는 말처럼, 훨씬 작고 안정적인 트랜지스터라는 증폭기가 개발되었어요. 1948년 미국의 벨 연구소에서 일하던 윌리엄 쇼클리, 존 바딘, 월터 브래튼 세 기술자가 만들었는데, 진공관은 지름 10cm, 길이 20cm쯤 되는 생수병 크기인데, 트랜지스터는 팥알만 했습니다. 트랜지스터가 작고 전류도 적게 쓰니까 진공관을 대신해서 썼어요. 1951년에 개발한 유니박(UNIVAC)이라는 컴퓨터는 트랜지스터로 만들었는데, 진공관을 이용해 만든 컴퓨터와 비교하면 부피가 100분의 1로 줄었답니다. 만약 트랜지스터를 개발하지 못했다면, 오늘날 우리 손바닥 안에서 컴퓨터 구실을 하는 스마트폰 같은 것은 생각하지도 못했을 거예요.

하지만 트랜지스터도 단점이 있어요. 많은 트랜지스터와 전기 부품을 연결해 전자 제품을 만들어야 하는데, 연결 부분에서 고장이 잦았어요. 어떻게 고장을 줄일까? 문제가 생기는 연결 부위를 없앨 수는 없을까? 만약 판 하나에 모든 것을 다 집어넣을 수 있다면?

1958년, 미국 텍사스 인스트루먼트(TI)사의 잭 킬비는 여러 가지 전기 부품을 작은 반도체 하나에 넣어 내부에서 전기회로를 연결(집적)하는 걸 생각해 냈어요. 이것이 바로 집적회로 기술이고, 수많은 전기회로를 넣은 반도체를 반도체 칩이라고 해요. 시간이 지날수록 판 하나에 전기 부품을 점점 더 많이 넣을 수 있었습니다. 새 컴퓨터도 몇 년 안 가 금방 구닥다리가 되어 버리잖아요. 집적하는 기술이 얼마나 빠르게 느는지 연구해서 내놓은 법칙도 있답니다. 반도체 칩의 성능이 18개월마다 두 배씩 증가한다는 일명 무어의 법칙(Moore's Law)인데, CPU 업체로 유명한 인텔사의 공동 설립자인 고든 무어가 1965년에 발표했대요. 하지만 반도체 칩의 성능은 무어가 예측한 속도를 앞질러 버렸어요. 1992년에 트랜지스터 400만 개를 집적한 64메가 D램이 개발되었는데, 18개월 만인 1994년에는 삼성전자가 64메가의 네 배인 256메가 D램을 최초로 개발했습니다. 지금이야 256메가라고 하면 시원찮게 보일 수 있지만, 원고지 8만 장쯤 되는 정보가 손톱만 한 크기의 칩에 저장되는 것이랍니다.

전기와 '밀당' 하는 반도체

반도체는 가열하면 저항이 작아지고, 섞여 있는 불순물의 양에 따라 저항을 아주 크게 키울 수도 있으며, 교류 전기를 직류 전기로 바꾸는 정류작용도 할 수 있어요. 또 빛을 받으면 저항이 작아지거나 전기를 일으키는데 이를 광전효과라고 해요. 어떤 반도체는 전류를 흐르게 하면 빛을 내기도 하지요. 이런 반도체의 여러 가지 성질을 전기 제품에 다양하게 응용해 제품을 만들어 내고 있습니다.

이쯤 되면 문득 궁금해집니다. 반도체라는 것이 대체 뭐길래, 어떻게 작동하길래 이다지도 신통방통한 걸까요? 도체란 전기가 잘 통하는 물체를 말합니다. 부도체는 반대겠죠? 그럼 반도체는 전기가 반쯤 통하는 것일까요? 앞에서 전기가 통하는 것을 1로, 통하지 않는 것을 0으로 나타낸다고 했는데, 그럼 반도체는 0.5쯤 되는 것일까요? 그렇지는 않아요. 반도체는 전기가 통할 때도 있고 통하지 않을 때도 있는 물질이랍니다. 1도 될 수 있고 0도 될 수 있는 것이죠. 도체는 무조건 전기가 통하는 물질이라서 사람이 이렇게 저렇게 조작하는 게 어려워요. 하지만 반도체는 조건에 따라 전기를 통하게 할 수도 있고, 반대로 안 통하게 할 수도 있어요. 그래서 조건을 잘 만들어 내면 지능적인 일을 해낼 수 있어요.

반도체는 어떻게 전기가 통했다, 안 통했다 하는 걸까요? 전기는 양(+)전기와 음(-)전기 두 종류가 있어요. (+) 전기를 띤 원자핵은 (-) 전기를 띤 전자보다 1800배쯤 무겁답니다. 그래서 전기를 운반할 때 전자가 원자핵보다 움직이기 쉬워요. 하지만 원자핵은 전자를 움직이지 못하게 꼭 붙잡고 있어요. 자석의 N극과 S극 사이에 서로 당기는 인력이 있듯이 (+) 전기와 (-) 전기 사이에도 인력이 있거든요. 전기를 통하게 하려면 가벼운 전자를 움직여야 할 텐데 원자핵이 붙들고 놓아주지 않는다니, 전자를 풀어 줄 방법을 찾아야겠네요. 방법은 생각보다 간단해요. 운동장에 있는 축구공을 움직이고 싶다면 발로 공을 뻥 차면 되겠죠? 축구공 차듯이 전자에도 힘을 가하면 됩니다.

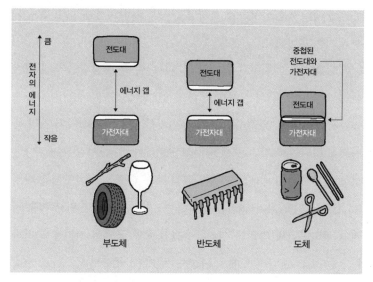

큰

전자의 에너지

작음

전도대

에너지 갭

가전자대

전도대

에너지 갭

가전자대

중첩된
전도대와
가전자대

전도대

가전자대

부도체

반도체

도체

도체, 반도체, 부도체의 원리

그러니까 에너지를 가하면 되지요.

전자가 자유롭게 전기를 운반하기 위해서는 그림처럼 에너지가 작은 쪽에서 큰 쪽으로 올라가야 해요. 그러기 위해서는 화살표만큼의 간격(에너지 갭)을 전자가 뛰어넘어야 합니다. 부도체의 경우 간격이 너무 크네요. 부도체는 원자핵이 전자를 강하게 잡고 있어서 웬만큼 에너지를 가하지 않으면 꿈쩍도 하지 않아요. 도체는 간격이 거의 없어서, 에너지를 굳이 가하지 않아도 전자가 마음대로 움직여요. 발로 차지 않아도 축구공이 계속 움직인다고 생각하면 됩니다. 도체에서 마음대로 움직일 수 있는 전자를 자유전자라고 하지요. 간격이 부도체와 도체의 중간쯤 되는 것이 바로 반도체랍니다. 그래서 반도체 물질에 에너지를 적절하게 가하면 전자가 에너지가 큰 쪽으로 올라가 전기를 운반해요.

반도체는 규소와 같은 반도체 물질로만 만든 진성 반도체와 거기에 불순물을 조금 섞은 불순물 반도체로 나눌 수 있어요. 불순물을 첨가하면 성능이 더 좋아진답니다. 첨가한 불순물이 에너지 간격 중간에서 사다리와 같은 구실을 하거든요. 그래서 진성 반도체보다는 성능이 우수한 불순물 반도체를 널리 쓰는데, 불순물 반도체는 다시 (-) 전기를 띤 전자가 전기를 운반하는 n형(negative, -) 반도체와, 전자가 빠져나간 빈자리에 생긴 (+) 전기를 띤 구멍이 전기를 운반하는 p형(positive, +) 반도체로 나눌 수 있어요. 규소에 불순물로 비소를 첨가하면 n형 반도체가 되고 인듐을 첨가하면 p형 반도체가 된답니다.

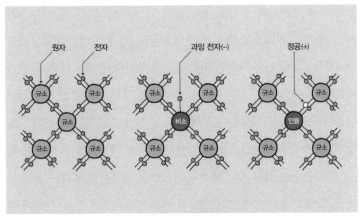

n형 반도체와 p형 반도체

반도체를 만드는 '위험한' 과정

반도체 원료인 규소는 지각을 구성하는 원소 중에서 산소 다음으로 많아요. 해변의 수많은 모래알 속에 바로 규소가 들어 있어요. 유리로 된 물건 안에도 규소가 있답니다. 하지만 규소가 반도체 칩으로 변신 하는 과정은 간단하지 않아요.

  반도체 칩을 만드는 과정에서 규소를 실리콘이라고 하는데, 먼저 모래를 코크스라고 하는 물질과 함께 태우면 다른 물질은 기체가 되어 날아가서 순수한 실리콘을 얻을 수 있어요. 하지만 이 실리콘은 작은 결정이 여러 개 모여서 이루어진 덩어리라, 하나의 결정으로 된 실리콘으로 키워서 안정성을 높입니다. 광물은 조건이 맞으면 자기만의 결정을 만들 수 있거든요. 이렇게 특정한 조건으로 만든 실리콘 막

규소로 만든 실리콘 막대 덩이와 이를 얇게 자른 웨이퍼.
웨이퍼를 격자로 잘라 반도체 칩을 만든다. ©shutterstock ©Windell Oskay

대기를 얇게 잘라 내고 한쪽 면을 갈아 반짝이게 만든 게 웨이퍼입니다. 웨하스라고 하는 과자처럼 웨이퍼도 격자무늬가 있는데, 이 격자 한 칸이 바로 반도체 칩 한 개가 된답니다.

반도체 칩이란 웨이퍼에 트랜지스터와 여러 가지 전기 부품들을 올려 회로로 만든 것입니다. 그런데 손톱만 한 칩에 어떻게 트랜지스터 수백만 개를 올려놓을 수 있을까요? 칩의 크기는 한정되어 있고 그려야 할 회로 수는 엄청나게 많은데 말이죠. 반도체 칩을 옆에서 확대해 보면, 좁은 공간에 빽빽하게 고층 건물들이 솟아 있는 것처럼 여러 물질들이 층을 이루고 있어요. 평면 공간에 회로를 다 그릴 수 없으니 층층이 쌓아 올린 것이죠.

여러 층의 회로를 웨이퍼에 쌓기 전에, 웨이퍼를 800~1200℃의 고온에서 산소와 화학 반응시켜 표면에 얇고 균일한 산화 막을 씌웁니다. 이때 만들어진 산화 막의 성질은 부도체인데, 반도체 안의 부품들을 따로따로 분리하는 구실을 하고, 반도체를 만드는 과정에서 생기는 화학물질이나 오염물한테서 웨이퍼를 보호해 주는 구실을 해요.

산화 막을 씌운 웨이퍼는 화학물질 혼합액에 넣어서 씻어 내고 건조시키는 과정을 거칩니다. 웨이퍼는 워낙 깔끔 떠는 녀석이라 수백 번 씻고 또 씻어 줘야 해요. 반도체 업체들은 생산 과정의 깨끗한 정도를 '클래스(Class)'라는 단위로 구분해 관리하는데 '클래스 1'은 가로, 세로, 높이 30cm의 부피에 먼지가 한 개 있다는 뜻이에요. 먼지가 500원짜리 동전 크기라고 치면, 여의도 면적의 여섯 배 크기에 500원 동전이 하나 있는 게 클래스 1이랍니다. 이렇게 작은 먼지 하나에도 민감한 웨이퍼한테 가장 큰 적은 무엇일까요? 바로 웨이퍼를 다루는 사람들 몸에서 나오는 물질이에요. 이것을 막기 위해 반도체 공장에서 일하는 노동자들은 방진복을 입고 마스크를 꼭 쓴답니다.

깨끗이 준비된 웨이퍼에 전자회로를 그리려면 필요 없는 산화 막 부분을 제거해야 하는데 이것을 식각 공정이라고 합니다. 플루오린화수소산(불화수소산 또는 불산)은 유리에 눈금을 새길 수 있을 정도로 강한 부식성을 갖고 있기 때문에 식각 과정에서 탁월한 성능을 보이는 물질이에요.

하지만 불산의 위험은 염산이나 황산하고는 차원이 달라요. 반도체 화학물질을 만드는 회사에 다니던 길 모 씨는 작업용 장갑에 난 아주 작은 구멍으로 불산이 피부에 닿아 병원에 갔는데, 하마터면 손가락을 잃을 뻔했다고 해요. 입자가 작은 불산은 뼈 속까지 침투해 사람 몸속에 있는 칼슘 이온과 결합한답니다. 그래서 뼈를 손상시키고 심한 통증을 느끼며, 심한 경우에는 심장마비까지 일어날 수 있어요. 또 불산은 끓는점이 낮아 쉽게 기체로 변해 폐로 들어가서 조직을 괴사시킬 수도 있답니다.

2012년 9월, 경남 구미의 화학제품 생산 공장에서 탱크로리에 실린 불산을 장비에 넣던 노동자가 실수해 밸브가 열리면서 불산 가스가 밖으로 새어 나가는 사고가 일어났습니다. 이 사고로 노동자 다섯 명이 사망했고, 사고 현장에 있던 소방관이나 경찰관은 물론 인근 주민 1만여 명이 검사와 치료를 받았어요. 주변에 있던 농작물은 누렇게 말라 죽어 갔고, 가축은 연골이 녹아 코에서 콧물인지 무엇인지 모

르는 게 줄줄 흘러내렸습니다. 주민 수백 명은 집을 떠나 한 달 넘게 대피 생활을 해야만 했죠. 이 지역은 특별 재난 지역으로 선포되었습니다. 시간이 흐른 뒤에도 135헥타르 규모의 농작물과 가축 2700여 마리가 죽고, 차량과 건축물이 부식되는 후유증을 앓았다고 합니다.

또 2013년 1월에는 충청북도 청주에 있는 반도체 공장에서 불산이 배관 밖으로 새어 나가는 사고가 났습니다. 생산 라인 외부에 있는 공급 시설에서 불산 공급 장치에 이상이 있다는 경보음이 울렸고, 바로 배관을 바꾸었어요. 하지만 근처에서 일하던 노동자가 목과 가슴에 통증을 느끼며 고통스러워하다 사망하고 말았습니다.

반도체 생산에 쓰이는 산

이름	용도	발암 물질
불산	식각 공정, 세척	
염산	세척	
황산	세척	○
인산	식각 공정	

반도체 생산에 쓰이는 유기 화합물

이름	용도	발암 물질
트리클로로에틸렌	세척, 식각	○
시너	세척, 포토 공정	○
디메틸아세트아미드	세척, 식각	○

앞의 두 가지 표에 있는 물질들은 반도체에 쓰이는 수백 가지 물질 가운데 극히 일부입니다. 황산은 폐와 후두에 암을 일으킬 수 있으며 생식능력을 망가뜨려 불임, 생리 불순, 유산 같은 증상을 일으킬 수 있어요. 황산을 다루던 김 모 씨는 비리한 냄새 때문에 숨을 쉬는 게 어려웠고, 감기는 늘 달고 살았으며 폐에 물이 차는 증상도 있었다고 합니다. 트리클로로에틸렌은 국제암연구소에서 발암 등급 2A를 받은 물질로 백혈병, 간암, 신장암, 뇌암, 유방암 같은 암을 일으키는 물질로 알려져 있어요. 짧은 기간 동안 냄새를 맡으면 혈압이 변하고 구토가 일어나며, 오랫동안 냄새 맡았을 때는 암, 두통, 현기증이 생깁니다. 시너는 벤젠이 포함된 톨루엔과 아세트산 에틸, 부탄올의 혼합액으로, 특히 벤젠은 백혈병을 일으킬 수 있으며 생식능력에 해를 입힌다고 해요.

식각 과정까지 마치면 전기적 특성을 가지도록 화학물질을 주입합니다. 예를 들어 n형 반도체를 만들고 싶다면 최외각전자가 다섯 개인 비소를 주입하면 됩니다. 인공치아를 박는 것을 임플란트라고 하죠? 반도체에 아주 적은 양의 불순물을 주입하는 과정도 임플란트 공정이라고 해요. 그런데 비소도 발암물질이랍니다.

김진기 씨는 14년간 임플란트 공정에서 일했어요. 그는 담배도 피우지 않고 술도 안 마시며 건강을 지키기 위해 많이 노력했습니다. 하지만 그는 결국 백혈병 판정을 받았습니다. 그런데도 그는 병원 치료를 받으며 계속 회사에 다녔어요. 가족을 먹여 살려야 했고, 치료하는데도 돈이 많이 들었거든요. 하지만 결국 중환자실에서 서른아홉의 짧은 생을 마감하고 말았어요. 그 뒤 법원은 김진기 씨가 한 일과 백혈병이 관계가 있다는 판결을 내렸어요. 백혈병에 걸린 반도체 노동자 중에서 처음으로 산업재해를 인정받은 것이었답니다.

임플란트 공정이 끝나면 칩 단위로 잘라 내고 조립을 해요. 반도체 칩과 지네 발처럼 생긴 외부 회선을 금선 (gold wire)으로 연결하고 칩을 합성수지로 포장합니다. 우리가 반도체 제품에서 실리콘을 찾을 수 없는 것은 바로 이 검은 몸통(합성수지) 때문이에요.

반도체 공장에서 일하다 병에 걸린 노동자들이 숨진 피해자를 모델로 '백혈병 소녀상'을 만들어 세웠다. 어떻게 하면 노동자가 안전하게 반도체를 만들 수 있을까? ©연합뉴스

반도체를 만드는 데 어떤 물질을 쓰는지 몇 가지 이야기했는데, 수백 가지가 넘는 물질을 자세하게 알기는 어려워요. 회사의 영업 비밀인 셈이죠. 방사선에 노출되는 작업장도 있지만 노동자들은 어느 곳에서 얼마나 방사선을 쓰고 있는지 알지 못한 채 맡은 일만 할 뿐이에요. 과도한 업무 할당량을 다 해내려면 시간에 쫓겨 거추장스러운 보호 장비를 제대로 쓰지 않게 되고, 인체에 해로운 물질에 무방비 상태로 노출되는 것이지요. 반도체 공장의 '클린 룸'은 먼지에 민감한 반도체 칩을 위한 '클린'이지 그 속에서 일하는 사람들을 위한 '클린'은 아니었던 것입니다.

모두가 행복한 디지털 세상

미국에는 반도체 산업으로 유명한 도시가 있었어요. 그곳을 '실리콘 밸리'라고 할 정도였지요. 그런데 이제 그 도시에는 반도체를 생산하는 공장이 다 사라졌어요. 그 공장들은 주로 한국, 싱가포르, 홍콩, 대만이나 중국으로 옮겨 갔답니다. 단순히 인건비가 싸기 때문이었을까요?

미국과 유럽의 전자 회사들이 본격적으로 공장을 아시아로 옮기기 시작한 것은 1970~1980년대예요. 미국 반도체 공장에서 노동자들이 암으로 죽는 일이 계속 생겼기 때문입니다. 공장이 옮겨 갔듯이 백혈병 같은 반도체 산업 관련 직업병도 한국과 대만으로 옮겨 갔습니다. 중국 선전시에 있는 애플사의 하청 생산업체 폭스콘 공장에서는 2010년 이후 스무 살 전후의 노동자 열세 명이 백혈병에 걸렸고, 그 가운데 다섯 명은 숨졌다고 합니다. 일을 시작한 지 넉 달 만에 목숨을 잃은 경우도 있었어요. 반도체 산업은 깨끗하기는커녕 사람의 목숨을 앗아 갈 수도 있는 위험한 일인 것 같습니다.

굴뚝 없는 청정 산업인 줄로만 알았던 반도체 산업이 이렇게 많은 위험 물질을 쓰고 있다니요! 우리가 편리한 디지털 시대에 살려면 이런 희생은 어쩔 수 없는 걸까요? 가난한 나라로 반도체 공장을 옮기는 것이 과연 대안일까요? 어떻게 하면 이런 가슴 아픈 죽음들을 막을 수 있을까요?

먼저 위험한 물질을 쓰고 있다는 것을 사회와 노동자들에게 알려야 합니다. 안전 교육도 철저히 해서 위험 물질을 조심스럽게 다루도록 해야 해요. 위험 물질을 대체할 좀 더 안전한 물질을 개발하는 연구도 더 많이 해야 해요. 그리고 '클린 룸'이 반도체만을 위하는 것이 아니라 그곳에서 일하는 노동자들을 위하는 곳이 될 수 있도록 투자를 많이 해야겠지요.

무엇보다 우리가 아무렇지도 않게 쓰고 버리는 전자 제품들에 대해서도 생각해 보아야 해요. 눈이 돌아갈 정도로 빠르게 발전하고 있는 반도체가 노동자들의 죽음을 재촉하지 않도록 하려면, 우리는 지금 무엇을 해야 할까요? 스마트폰을 손에서 놓지 못하고 있는 우리는 반도체 공장에서 일어나는 일에 아무런 책임이 없다고 할 수 있을까요? 여러분이 손에 들고 있는 스마트폰을 잠시만 멈추고 그 스마트폰을 만들기 위해 어떤 사람들이 어떤 위험한 환경에서 노동을 하고 있는지 생각해 봅시다. 여러분의 손가락을 일, 시, 정, 지, 하세요.

5

세균과 항생제

가장 작은
생물과의 전쟁

진아 엄마의 일기

2010년 12월 3일

"우리나라는 오늘 북서쪽에서 이동해 오는 차고 건조한 시베리아 고기압의 영향을 받아 전국적으로 몹시 추운 날씨가 예상됩니다. 또한 매우 건조하므로 화재에 각별히 유의하시기 바랍니다."

텔레비전에서 기상 캐스터의 일기예보가 나왔다. 지구온난화로 지구가 더워지고 있다고 여기저기서 떠들어 대던데, 어찌 된 게 겨울은 더 추워지니 알 수 없는 노릇이다. 과학을 잘 모르니 이해가 안 된다.

"아직 12월 초인데 이렇게 추운 걸 보니 이번 겨울도 정말 추우려나 보네."

"여보! 추우니까 창문 꼭 닫고 가습기 틀어서 습도도 잘 맞춰요. 우리 진아 감기 안 걸리게."

"걱정 말아요. 안 그래도 전에 쓰던 가습기가 시원찮아서 엊그제 새로 하나 샀어요."

"근데 가습기 계속 틀어 놔도 괜찮을까? 계속 쓰면 세균이 많아질 텐데."

"으이그, 가습기 살균제도 함께 샀으니까 걱정 말아요."

2011년 3월 21일

어느덧 그렇게 춥던 겨울도 가고 따스한 봄기운이 느껴진다. 이제 세 살인 진아는 우리 부부의 보배다. 어찌나 이쁜 짓을 많이 하는지, 눈에 넣어도 아프지 않다는 어른들 말을 알 것도 같다.

그런데 며칠 전부터 진아의 숨소리가 고르지 않아 걱정이다. 어디가 아픈지 자꾸 칭얼거리고 밤에 잠을 잘 못 잔다. 나도 목이 따끔거리고 가슴이 답답한 게 감기에 걸린 것이 아닌가 걱정이다. 환절기라 그렇게 조심했는데……

2011년 4월 26일

진아 감기가 좀처럼 낫지 않는다. 며칠 동안 동네 병원에 다니다가 아무래도 이상해 큰 병원으로 갔는데도 도통 원인을 알 수 없단다. 병원에 입원한 지 몇 주가 지났는데 낫기는커녕 더 심해졌다. 이제 진아는 산소호흡기가 없으면 숨조차 쉴 수 없게 되었다……

2011년 봄, 우리나라에서 수많은 사람들이 원인을 알 수 없는 폐질환으로 잇따라 사망했어요. 넉 달 뒤, 그 원인이 '가습기 살균제'로 밝혀졌답니다. 가습기 살균제가 폐를 손상시켜 사망 원인이 될 수 있다는 질병관리본부의 조사 결과가 나왔거든요.

2016년 6월까지 접수된 가습기 살균제 피해 사례는 1000건이 넘었고, 수백 명이 가습기 살균제 때문에 사망한 것으로 집계되었어요. 잠재적 피해자는 수백만 명에 이를 것으로 환경단체와 피해자 모임은 추정하고 있어요.

결국 진아도 숨을 거두고 말았어요. 진아 엄마도 몇 달 동안 폐질환으로 입원해 치료를 받아야 했습니다.

"치료 방법이 없다는 얘기에 목구멍에서 피가 나도록 울었습니다. 그 어린 것이 무슨 죄가 있다고……. 아무것도 모르는 아이에게 가습기 살균제라는 독성 물질을 날마다 들이마시게 한, 평생 죄인으로 살아야 하는 엄마입니다……."

건조한 겨울철, 우리 주변에서는 흔히들 가습기를 쓰곤 하지요. 그런데 가습기를 오랫동안 쓰면 안에 세균이 많이 생길까 봐 걱정입니다. 특히 아직 면역력이 약한 어린아이가 있는 집에서는 더 신경 쓰이지요. 그래서 가습기용 살균제가 나왔어요. 그런데 그 살균제에는 폐를 손상시키는 화학물질도 들어 있었답니다. 잘못된 살균제를 만들어 판 업체 때문에 빚어진 비극이지만, 한편으로는 세균을 두려워하는 사람들의 심리가 잘 드러난 사건이기도 합니다.

우리는 밖에서 일하거나 공부하고 집에 돌아오면 꼭 손과 발을 씻지요. 밥을 먹다 음식물이 식탁에 떨어져도 잘 먹지 않아요. 우리는 점점 깨끗한 환경에서 살면서 수많은 질병에서 조금씩 벗어날 수 있었습니다. 하지만 세균은 늘 우리와 함께 있어요. 사람 몸에는 100조 개쯤 되는 세균이 산답니다. 물과 음식은 물론, 쉴 새 없이 들이마시는 공기 속에도 엄청나게 많은 세균이 우글거리고 있습니다. 그래도 우리는 대부분 멀쩡하게 잘 살고 있지요.

그런데도 사람들은 왜 눈에 보이지도 않는 작은 세균을 이렇게 두려워할까요? 세균은 반드시 없애야만 하는 존재일까요?

비극에서 등장한 기적의 물질

1942년, 미국 보스턴에 있는 코코넛그로브 클럽에서 불이 났어요. 클럽 안에는 인공 야자수와 얼룩말 무늬 같은 장식이 여기저기 매달려 있었고, 천장과 벽에는 인조가죽으로 한껏 멋을 부려 놓았답니다. 불이 나자, 많은 사람들이 미처 밖으로 나오지 못하고 30분 만에 유독가스와 불길 때문에 숨졌어요. 출입문이 회전문인 데다가 하나밖에 없어서 피해가 더욱 컸습니다. 다음 날인 11월 29일 아침, 미국 보스턴의 아침 신문들은 온통 지난밤 코코넛그로브 클럽에서 일어난 화재 이야기뿐이었어요.

　　화재의 결과는 참혹했습니다. 수백 명이 구조되지 못하고 대부분이 질식사했어요. 구조된 부상자 400여 명은 종합병원 두 곳과 열 곳이 넘는 병원으로 옮겨졌는데, 그중 상당수도 옮기는 도중이나 병원에 도착한 지 5분도 지나지 않아 사망했답니다. 매사추세츠 종합병원으로 옮긴 부상자 114명 가운데 75명이 이렇게 죽었고, 다른 병원으로 옮긴 사람들도 마찬가지였어요. 간신히 목숨을 건진 부상자 200여 명도 언제 죽음의 벼랑으로 몰릴지 아무도 알 수 없었습니다.

　　그때는 중화상을 입은 환자들이 사망할 가능성이 매우 높았어요.

화재가 나기 전과 후의 코코넛그로브 클럽 모습

©shutterstock(아래)

그 첫 번째 이유는 화상 부위로 수분과 혈장(피의 액체 부분)을 꽤 많이 잃기 때문이에요. 그렇게 되면 환자는 탈수 현상과 쇼크를 일으켜 결국 죽게 됩니다. 두 번째는 화상 부위로 세균(박테리아)이 침투하기 때문입니다. 특히 황색포도상구균에 잘 감염되는데, 이 세균이 고열과 쇼크를 일으켜 사망하게 된답니다.

그런데 기적이 일어났어요. 이 화재에서 크고 작은 화상을 입은 환자 200여 명 중 대부분이 살아난 거예요. 과연 무엇이 이들을 죽음의 문턱에서 돌려세웠을까요?

바로 두 가지 사망 원인을 치료할 수 있는 새로운 치료법이 개발되었기 때문이었어요. 손실된 체액은 정맥주사로 혈장을 공급해 보충해 주었고, 세균 감염은 그전까지 별로 쓰지 않았던 약을 썼습니다. 이것이 바로 푸른곰팡이에서 얻은 페니실린입니다. 가공하기 전인 푸른곰팡이 배양액에서 치료용 약물을 얻어 내 쓴 거예요.

페니실린은 코코넛그로브 클럽 화재가 나기 1년 전에 영국의 과학자들이 미국에 와서 알렸는데, 미국에서는 아주 적은 양만 만들어 100명도 안 되는 환자에게만 쓰고 있었어요. 그런데 이 화재로 그 효능이 널리 알려졌고, 푸른곰팡이가 만들어 낸 천연 물질이 세균을 물리칠 강력한 무기로 등장하게 되었습니다. 이 새로운 무기가 바로 '항생제'인데, 세균 감염 치료에 쓰입니다.

세균이 뭐예요?

현재 사람의 평균 수명을 선진국에서는 100세쯤으로 보고 있어요. 하지만 100년 전까지만 해도 사람의 평균 수명은 전쟁과 기아, 그리고 수많은 질병으로 40세 정도밖에 안 됐어요. 특히 페스트(흑사병)처럼 세균이 원인인 전염성 질병이 퍼지면 짧은 시간에 수십만 명이 희생되기도 했어요. 지난 100년 동안 평균 수명이 점점 늘어났는데, 그 이유 가운데 하나는 인류가 질병을 어느 정도 극복했기 때문입니다. 특히 세균 감염으로 생기는 질병은 인류가 거의 극복해 승리를 거둔 것처럼 보이기도 합니다.

눈에 보이지도 않을 정도로 작은 세균이 어떤 작용을 하길래 수천 년 동안 많은 사람들의 목숨을 앗아 갔을까요? 그리고 인류는 어떻게 100년이라는 짧은 시간에 그들의 위협을 물리칠 수 있었을까요? 함께 차근차근 살펴봅시다.

세균의 정체가 밝혀지기 시작한 것은 1600년대에 현미경이 발명되고 나서예요. 눈에 보이지 않던 작은 생물체를 볼 수 있게 되자, 인류는 세균을 비롯한 미생물의 세계를 다양한 생명체가 공존하는 자연의 일부로 받아들이게 되었습니다. 화학자 파스퇴르는 세균이 모든 곳에 존재하고 있으며 인체에 나쁜 영향을 끼쳐 병에 걸리게 한다고 주장했습니다. 그 뒤 독일의 세균학자 코흐는 젤라틴과 한천 같은 것을 섞어 만든 액체를 굳혀 세균에게 영양을 줄 수 있는 '배지'라는 것을 만들었어요. 같은 종류의 세균은 같은 형태의 집락을 만들기 때문에, 배지에 세균을 증식시켜 생긴 집락의 형태를 관찰하면 세균을 더 잘 구별할 수 있답니다. 그리고 그는 감염된 동물에서 세균을 얻어 내 다른 동물을 감염시키는 실험을 했는데, 세균 감염으로 생기는 증상이 모두 같다는 것을 밝혀냈습니다.

이제 세균에 대해 좀 더 자세히 알아볼까요? 세균은 단세포 생물로, 살기에 알맞은 환경인 배지에서 배양하면 20분 만에 개체 수가 두 배로 늘어난답니다. 사람의 피부나 몸 안은 가장 좋은 환경이 아니어서 세균의 개체 수가 두 배로 증가하려면 여러 날이 걸린다고 해요.

세균을 분류하는 방법은 여러 가지가 있어요. 첫째, 덴마크의 미생물학자 한스 그람이 개발한 방법인데, 특수 물감으로 세균을 염색하고 씻어 낸 뒤 세균의 색깔을 확인하는 방법입니다. 물감 색이 그대로 있는 것을 '그람 양성균', 색이 바뀌는 것을 '그람 음성균'으로 분류합니다. 세균의 세포벽을 구성하는 성분에 따라 색이 바뀐다고 해요.

둘째, 공기(산소)가 있는 곳에서 살 수 있는 '호기성균', 공기가 없는 곳에서 살 수 있는 '혐기성균'으로 나눠요. 하지만 대장균처럼 공기가 있건 없건 어디서든 살 수 있는 세균도 있어요.

셋째, 질병을 일으키는지에 따라 해로운 '병원성균'과 별로 해롭지 않은 '비병원성균'으로 나눌 수 있어요. 병원성균이 몸 안으로 들어오면 몸은 자동으로 방어 장치를 가동합니다. 사람 몸은 세균의 침입에 대비해 피부, 섬모, 점액, 백혈구 같은 여러 가지 자연 방어 장치를 가지고 있어요. 눈물에 있는 '라이소자임'은 세균의 세포벽을 분해하는 단백질이고, 코 안에 있는 섬모는 외부 물질이 몸 안으로 들어가는 것을 막아 줍니다. 만약 피부가 손상되거나 해서 세균이 몸 안으로 들어오면, 면역 세포가 만든 항체와 백혈구가 세균과 싸우게 되지요.

그런데 이런 인체의 방어 작용을 모두 견디거나 피할 수 있는 세균이 몸 안에 들어오면 빠른 속도로 증식해 병을 일으킬 수 있습니다. 예를 들어 결핵, 페스트, 장티푸스를 일으키는 세균은 백혈구 안에서도 살 수 있다고 해요. 몸에 들어온 세균을 빠른 시간 안에 없애지 않으면, 세균은 사람 몸에 있는 영양분을 이용해 증식하면서 인체에 해로운 독성 물질을 만들어 냅니다. 이 독성 물질로 조직이 파괴되어 염증과 고름이 생기게 되는데, 이쯤 되어야 우리는 비로소 세균이 내 몸 안에 들어와서 몸의 방어 기능이 작동되었다는 것을 알게 됩니다.

이런 생물체끼리의 치열한 경쟁 관계는 세균과 사람 사이뿐 아니라 세균과 세균, 세균과 바이러스, 세균과 곰팡이 같은 미생물 사이에서도 치열하게 일어나고 있어요. 20세기에 들어서면서 인류는 이런 미생물 사이의 경쟁을 알게 되었고, 사람에게는 해롭지 않으면서 병원균은 없앨 수 있는 천연 물질을 미생물의 경쟁 과정에서 찾아냈습니다. 이런 물질을 항생 물질, 다시 말해 항생제라고 합니다.

페니실린으로 첫 승리를 거두다

19세기 말부터 과학자들은 이런 천연 물질을 찾기 위해 노력했어요. 그중 가장 놀라웠던 것은 영국의 미생물학자 알렉산더 플레밍이 발견한 페니실린입니다. 1928년 어느 날, 플레밍은 주말 휴가를 보내고 온 뒤에 연구실에서 특이한 것을 발견했습니다. 연구실에 놓아 뒀던 포도상구균 배지에 푸른곰팡이가 피었는데, 그 푸른곰팡이 근처에는 포도상구균 집락이 없었던 거예요. 이를 계기로 플레밍은 푸른곰팡이에서 나온 물질이 포도상구균의 번식을 억제한다는 사실을 밝혀냈습니다. 그는 이 물질에 푸른곰팡이(Penicillium)의 이름을 따서 '페니실린(penicillin)'이라고 이름 붙였어요.

세균의 세포벽이 유지되려면 '펜타글리신'이라는 물질을 연결해야 하는데, 페니실린은 펜타글리신의 합성을 막아요. 결국 세포벽이 유지되지 못한 세균은 세포벽에 구멍이 뚫려 삼투압으로 터져 죽게 됩니다. 그 뒤 밝혀진 연구 결과를 보면, 페니실린은 포도상구균 말고도 연쇄상구균, 뇌수막염균, 임질균, 디프테리아균 같은 여러 세균에 항균 작용을 합니다.

페니실린을 발견하긴 했지만, 사람에게 쓸 수 있는 '약'으로 만드는 것은 또 다른 문제였습니다. 푸른곰팡이를 사람에게 직접 쓸 수는 없기 때문에 페니실린을 뽑아내는 '정제' 과정이 필요한데, 그때 기술로는 쉽지 않았습니다. 그러다 1939년이 되어서야 영국의 플로리와 독일의 체인이 정제된 페니실린을 얻는 데 성공했어요. 그들은 연쇄상구균에 감염된 쥐에 이를 써서 효능을 확인했고, 1941년에는 처음으로 패혈증에 걸린 사람에게 썼어요. 그리고 1942년, 보스턴의 클럽에서 일어난 화재 때 화상을 입은 환자 수백 명에게 이 약을 써서 그들을 살리게 된 것입니다. 1943년 2차 세계대전 때 전쟁터에서 일상적

페니실린을 발견한 알렉산더 플레밍과 배양 중인 푸른곰팡이
©shutterstock(오른쪽)

으로 쓰게 되었고, 1944년부터는 민간에서도 널리 쓰기 시작해 많은
사람들을 감염 질병에서 구할 수 있게 되었답니다. 그 공로로 플레밍
과 플로리, 체인은 1945년에 노벨 생리·의학상을 받았어요.

다양해지는 무기들

그 뒤 과학자들은 다양한 항생제를 발견하고 개발해 왔습니다. 스트
렙토마이신은 결핵을 치료하는 최초의 항생제예요. 결핵은 결핵균
때문에 걸리는 병인데, 건강할 때는 감염되어도 잠복 상태로 증상이
잘 나타나지 않지만, 면역 체계가 약해지면 발현되어 죽을 수도 있는

무서운 질병이에요. 지금은 대체로 사람들의 영양 상태가 좋지 않은 저개발 국가에서 많이 걸린다고 해요.

스트렙토마이신은 토양 세균에서 얻은 항생제입니다. 생물이 죽으면 그 사체가 썩어서 흙으로 돌아가는데, 이상하게도 토양에 있는 세균들을 조사해 보니 질병을 일으키는 병원균이 사라지고 없었습니다. 1940년대, 미국의 미생물학자 셀먼 왁스먼은 토양 미생물끼리 서로 일정한 작용을 해서 병원균이 사라진다고 생각해서 항생 물질을 만들어 내는 토양 세균을 찾기 시작했어요. 그 결과 토양 세균 가운데 하나인 방선균이 만드는 항생물질을 찾아내, '스트렙토마이신'이라고 이름 붙였어요. 이 항생제는 요로 감염과 수막염을 일으키는 세균에 효과가 있었는데, 특히 그때까지 치료하지 못했던 결핵균에 효과가 있었습니다. 그런데 치료받은 환자들한테 신장 독성이나 난청 같은 부작용이 생겼고, 치료 과정에서 저항성을 갖는 변이 병원균이 생기는 문제점이 있었습니다. 하지만 계속 연구를 해서 부작용이 적고 저항성 세균이 생기지 않는 네오마이신, 토브라마이신, 아미카신 같은 항생제를 만들어 쓰고 있습니다.

여러 종류의 세균에 작용하는 항생제도 있어요. 1947년, 토양에 있는 방선균 가운데 하나에서 많은 종류의 세균을 죽이는 물질이 발견되었어요. 이것은 나중에 '클로람페니콜'이라는 화학물질로 밝혀졌는데, 특히 그때까지 치료가 불가능했던 장티푸스에 뛰어난 효과가 있었어요. 하지만 이 물질은 골수를 파괴해 백혈병을 일으키는 부작용이 있어서, 이를 대체해 광범위하게 쓸 수 있는 항생물질이 필요했습니다. 그 결과 1948년에 개발한 물질이 테트라사이클린입니다. 이 항생제는 광범위하게 항균 효과가 있으면서도 독성이 적어 지금도 페니실린계 항생제 다음으로 많이 쓰고 있어요. 그리고 1960년대 후반에는 페니실린과 비슷하며 광범위하게 쓸 수 있는 항생물질인 '세팔로스포린'을 만들어 쓰고 있습니다.

1970년대에는 '트리메토프림'이라는 합성 항생물질을 만들어 살모넬라균, 대장균, 장티푸스균 감염에 써서 효과를 보았습니다. 최근에는 여러 달 넘게 써도 부작용이 거의 없고 저항성 변이 세균도 별로 생기지 않는 항생물질 '플루오르 퀴놀론'계 합성 물질을 개발해 쓰고 있어요.

지금도 계속해서 항생물질을 개발하고 있지만 그 속도는 점점 더뎌지고 있어요. 그리고 새로운 항생물질을 발견하거나 만드는 것보다는 대부분 쓰고 있는 물질을 일부 변형시켜 만든 유도체를 많이들 개발하고 있답니다.

작아도 밟으면 꿈틀한다고!

1940년대 초반부터 개발하기 시작한 항생제는 대부분의 세균 감염 질병으로부터 인류를 구원했어요. 사람들은 세균을 완전히 정복하고 질병에서 자유로워졌다고 생각했지요. 하지만 페니실린을 처음 발견한 플레밍은 1945년에 세균의 저항성에 대해 이렇게 경고했습니다.

"페니실린으로 세균 감염 질병을 치료할 때는 정량을 써서 확실하게 치료해야 한다. 양을 너무 적게 쓸 경우 세균이 죽지 않고 페니실린에 저항성을 가지게 될 것이다. 이렇게 생긴 저항성 세균이 다른 사람들에게 전달되어 퍼뜨려지면, 결국 페니실린으로 치료할 수 없는 패혈증이나 폐렴 환자가 생기게 될 것이다."

몇 년 지나지 않아, 그가 예측한 것이 현실이 되었습니다. 페니실린을 널리 쓴 지 4년쯤 지난 1947년, 페니실린에 내성을 가진 황색포도상구균이 발견되었습니다. 황색포도상구균은 식중독과 화농, 중이염, 방광염 같은 고름증을 일으키는 원인균으로, 항생제에 대한 적응력이 강한 것으로 알려져 있어요. 항생제 내성을 가진 황색포도상구균은 그 뒤 메티실린을 써서 치료할 수 있었으나, 1961년 영국에서 메티실린에도 내성을 가진 세균(MRSA)이 발견되어 치료하는 데 어려움을 겪고 있으며 계속해서 새로운 항생제를 이용해 치료하고 있다고 합니다.

1959년에는 더욱 강한 내성균이 발견되었어요. 일본에서 설사, 복통, 구토 같은 증상이

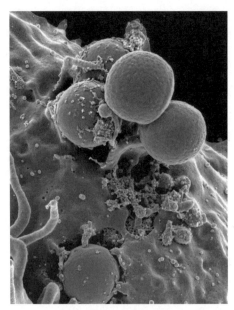

여러 항생제에 내성을 가진
황색포도상구균(MRSA)

나타나는 세균성 이질이 유행했는데, 이 세균은 그 당시 쓰고 있는 여러 가지 항생제에 모두 내성을 가지고 있었답니다. 그때까지 여러 약물에 내성을 가진 세균이 없었기에 놀랄 만한 일이었죠. 사실 몇 년 전에 홍콩을 다녀온 일본 사람한테서 같은 균이 발견된 적이 있었는데 별로 관심을 가지지 않다가 이질이 유행하자 비로소 관심을 가지게 되어 알게 된 것입니다. 그뿐만 아니라 환자의 설사 시료에서 찾아낸 장내 대장균도 여러 가지 항생제에 내성을 갖고 있었어요. 세균이 여러 가지 항생제에 내성을 가질 수 있다는 사실과 다른 종류의 세균에게도 그 내성이 전달될 수 있다는 사실이 밝혀진 거예요. 과학자들은 종이 다른 세균끼리 항생제에 내성을 가지는 유전자를 주고받는다는 사실을 알아냈습니다.

세균은 어떻게 항생제를 이겨 냈을까?

과연 세균은 어떻게 항생제에 견디는 방법을 터득하게 되었을까요? 그리고 어떻게 항생제 내성을 가진 세균이 점점 더 많아졌을까요? 세균도 다른 모든 생물과 마찬가지로 생존하기 위해 환경 변화에 적응해야 해요. 하지만 단세포 생물인 세균은 세포 내 염색체의 DNA 정보가 적어서 적응하고 변화하는 데 불리해요. 대신 세균은 염색체와 별개로 존재하면서 독자적으로 증식할 수 있는 '플라스미드'라는 작은 유전 물질을 가지고 있답니다.

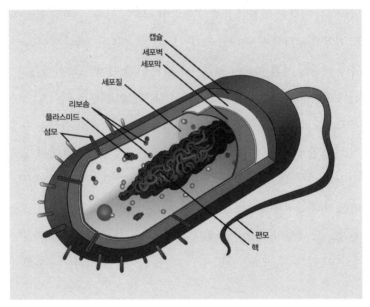

캡슐
세포벽
세포막
세포질
리보솜
플라스미드
섬모
편모
핵

세균의 구조

한 세균 안에는 플라스미드가 한두 개부터 수천 개까지 있어요. 플라스미드는 세균 안에서만 생존하고 증식할 수 있어요. 세균에 기생해서 존재하는 거지요. 그래서 숙주인 세균이 위험에 빠지면 생존을 돕곤 합니다. 높거나 낮은 온도, 자외선, 토양, 흐르는 물 같은 극한 환경에 적응할 수 있는 유전 정보를 갖고 있다가, 세균이 이런 상황에 빠지면 관계있는 기능을 해서 세균을 돕는답니다. 세균이 항생제를 만났을 때도, 세균이 죽기 전에 플라스미드가 세균이 생존하도록 항생제 적응 형질을 드러내기 시작한 거예요. 이렇게 살아남은 것이 곧 항생제 내성 세균입니다. 항생제를 전혀 접하지 않은 아프리카 오지의 세균에서 항생제 내성을 가진 유전 정보가 발견된 것은 이를 확인해 주는 증거입니다.

흥미로운 점은 다른 세균의 플라스미드끼리 유전 정보를 공유할 수 있다는 것입니다. 이는 전혀 종이 다른 세균 사이에도 일어납니다. 그래서 어떤 세균에서 항생제 내성 형질이 나타나면, 그 유전 정보가 다른 세균에 전달되어 점차 항생제에 내성을 가진 세균이 증가하게 되는 것입니다.

이렇게 각각의 항생제에 내성을 가진 세균이 늘고 세균끼리 내성 형질을 공유하게 되면서, 많은 항생제에 내성을 가진 세균이 생겨나기 시작했어요. 이런 세균을 어떤 항생제에도 저항할 수 있다는 의미로 '슈퍼박테리아' 혹은 '다제내성균'이라고 하는데, 치료가 어려워서 의학계의 새로운 숙제로 떠오르고 있습니다. 메티실린 내성 황색포도상구균(MRSA), 카바페넴 내성 아시네토박터(CRAB), 카바페넴 내성 장내세균(CRE) 등이 슈퍼박테리아예요.

이처럼 쓰고 있는 항생제로 없앨 수 없어서 새로운 항생제를 개발해 내면, 다시 새 항생제에 내성을 보이는 세균이 나타나는 악순환이 되풀이되고 있습니다. 슈퍼박테리아에 감염되면 치료가 어려워요. 결국 인간이 세균하고의 전쟁에서 완전한 승리를 거두지 못한 셈이지요. 어쩌면 인간은 세균 감염 질병에서 영원히 자유롭지 못할지도 모르겠어요.

세균과 항생제, 제대로 알자

지금까지 살펴본 것처럼, 항생제는 세균 감염 질병에서 인류를 해방시켜 주었습니다. 하지만 세균들은 끈질긴 적응력과 생명력으로 살아남는 법을 터득했습니다. 우리 몸에만 세균이 100조 개가 산다는데 어떤 세균은 항생제에도 죽지 않는다니! 오싹하고 겁이 나네요. 이렇게 무시무시한 세균이 득실거리는 세상에서 우리는 살아남을 수 있을까요?

요즘은 세균에 대한 공포 때문에 살균에 관심이 높습니다. 살균 제품도 인기가 높죠. 하지만 우리가 놓치고 있는 중요한 사실이 있습니다. 인류는 아주 오랫동안 세균과 함께 살아왔다는 사실 말이지요. 대부분의 세균은 우리 몸에 그다지 해롭지 않아요. 병원균도 대부분은 우리 몸이 갖고 있는 방어 작용으로 물리칠 수 있습니다. 오히려 너무 세균이 없는 환경에 살면, 세균과 싸울 일이 없어서 인체의 방어 능력인 면역력이 떨어질 수 있답니다.

항생제 역시 마찬가지입니다. 만병통치약이라도 되는 양 무분별하

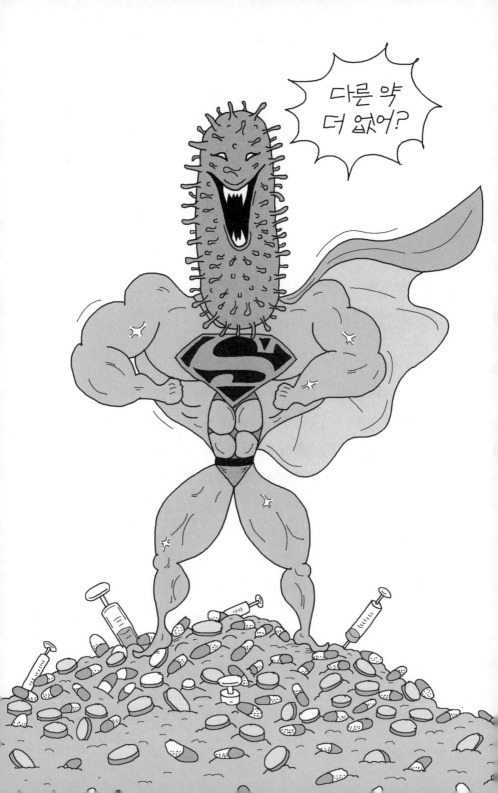

게 항생제를 먹는 사람들이 있습니다. 하지만 무턱대고 항생제를 계속 먹으면, 몸속 세균이 항생제에 내성을 갖게 될 거예요. 그러면 정말로 치료하기 위해 항생제를 먹어야 할 때 약이 듣지 않을 수도 있습니다. 반대로 항생제는 너무 적게 써도 문제가 될 수 있어요. 병에 걸렸을 때 세균을 없앨 만큼 적절한 양의 항생제를 써야 하는데, 약을 적게 먹으려고 너무 적은 양을 쓰면 세균을 모두 없애지도 못하고 오히려 항생제에 내성만 키우게 될 수 있어요. 그러므로 항생제를 쓸 때는 늘 의사의 처방에 따라 정확하게 써야 합니다.

축산업계와 수산업계에서도 십수 년 전부터 항생제를 지나치게 쓰지 않으려고 애쓰고 있습니다. 1950년 초부터 가축의 감염 질병을 예방하고 치료하기 위해 항생제를 쓰기 시작했는데, 2000년대 초반에 우리나라에서 축산업과 수산업에 쓴 항생제 양은 1년에 1500여 톤, 미국은 1만 톤이 넘었어요. 주로 배합사료에 설사 방지, 호흡기 질병 예방, 성장 촉진을 위해 여러 가지 항생물질을 섞어 여러 달 넘게 가축에게 먹였답니다. 그 결과 항생제 내성 세균이 증가해 항생제를 더 많이 써야 하는 악순환이 벌어졌고, 이를 먹는 사람에게도 내성 세균이 생길 가능성이 높아졌어요.

여러 국가들이 이런 상황에 위험을 느끼고 배합사료에 항생제를 섞지 못하게 규제하기 시작했습니다. 1985년에 스웨덴이 처음 금지한 뒤 1995년 노르웨이, 1999년 덴마크에서 시행됐고, 2006년에는 유럽연합의 모든 회원국이 배합사료 안에 항생제 쓰는 것을 금지했어요. 우리나라도 2008년부터 배합사료에 항생제 쓰는 것을 금지해서 항생제 양이 크게 줄었답니다.

지금까지 세균과 인간이 찾아낸 항생제의 힘겨루기를 살펴보았어요. 인류는 세균에 대항하는 새로운 항생제를 계속 만들어 내고, 세균은 그에 적응해 가는 꼬리 물기가 계속되고 있습니다.

현대사회는 여러 국가와 수많은 사회단체, 그리고 다양한 직업을 가진 많은 사람들이 복잡한 이해관계 속에서 함께 살아가고 있어요. 이런 복잡한 세상 속에서 인간은 세균과의 관계를 해결하는 방법을 찾아내고 실현시킬 수 있을까요? 우리가 세균과 세균 감염 질병에 가장 현명하게 대처하는 방법은 무엇일까요?

6

지구온난화 논쟁

정말 지구가
더워지고 있는 거야?

돌고 돌아 제자리

이곳은 카타르 도하, 유엔 기후변화협약 회의가 열리고 있는 곳입니다. 기후
변화에 대한 유일한 국제 합의서인 교토의정서가 명맥을 유지하느냐를 결
정하는 국제회의이지요. 그런데 어째 회의장 안팎 분위기가 썰렁하네요. 각
국 대표들은 발을 빼겠다는 속내를 드러내자니 손가락질받기 십상이고, 문
제 해결을 하겠다고 나서자니 나라 안의 산업계 반발이 거세서 몇 해째 눈치
를 보고 있는 중이랍니다. 그러다 보니, 유엔이 기후변화 문제를 해결할 거라
는 기대감은 갈수록 줄어들고 있어요. 회의에 참가한 각국 대표들이 어떤 이
야기를 하는지, 그리고 그 속내는 무언지 들여다볼까요?

의장 아시다시피 올해로 교토의정서 적용 기간이 끝납니다. 진작부터 2차 교
　　토의정서를 마련하기 위해 머리를 맞대었지만 결국 여기까지 왔습니
　　다. 이번 회의에서는 반드시 합의를 봅시다. (완전 썰렁하네. 이제까지 회의
　　가 얼마나 지지부진했으면 이럴까? 취재진 수도 팍 줄었네그려. 쯧쯧……)

EU 개발도상국 중에서도 1990년대 이후 눈부시게 경제가 성장해서 부를 축
　　적한 나라들이 있습니다. 그 나라들은 그동안 개발도상국이라는 이유로

의무 감축국에 들지 않았지만 2차 교토의정서에는 반드시 들어와야 합니다. 전 세계가 기후변화로 몸살을 앓는 마당에 이 나라들은 경제 발전을 위해 공장의 탄소 배출을 늘려 왔어요. (중국, 인도, 한국 바로 니들 말이야. 다른 나라에서 줄이면 뭐해, 쟤네가 엄청나게 태워 대는데…… 우리 산업구조는 이미 3차 서비스업 중심으로 바뀌어서 온실가스 줄이는 데 자신 있다고.)

중국 중국이 현재 탄소 배출량 1위를 차지한다는 것은 인정합니다. 그렇지만 1차 교토의정서 감축 의무국에 들면서도 자기 나라 산업을 보호한다는 이유로 교토의정서를 탈퇴한 미국부터 확실한 감축 목표를 내놓아야 합니다. 선진국들은 이상기후 때문에 피해를 겪는 나라들을 지원하고 개발도상국이 탄소 배출을 줄일 수 있도록 경제원조를 늘려야 합니다. (지구온난화의 원죄를 진 선진국들이 먼저 돈주머니를 풀어야지. 우린 갈 길이 멀다고. 미국을 압박하려면 개발도상국들은 나를 밀어주면 돼. 수틀리면 회의고 뭐고 다 엎어 버릴 거야.)

인도네시아 맞습니다. 실제로 우리는 노르웨이가 지원해 준 덕분에 원시림을 개간하지 않고 보존하고 있어요. 하지만 선진국의 지원금이 끊기면 다시 개간 사업에 손을 댈 수밖에 없습니다. (이렇게 우는 소리를 해야 돈줄이 안 끊기지. 흠흠.)

미국 미국은 세계의 리더로 기후변화에 책임 있는 모습을 보여 주는 나라가 될 것입니다. 음……, 앞으로 기후가 변화하는 것에 제동을 걸기 위해 지원과 노력을 아끼지 않을 것을 약속합니다. (이쯤에서 박수가 나와야 하

는데……. 앨 고어도 노벨상을 받았는데 나도 뭔가 업적을 남겨야지.) 단, 그전에
조건이 하나 있습니다. 2차 교토의정서에 중국과 인도도 같이 가입해
야 합니다! 경제 성장 규모에 비례해서 확실한 감축 목표를 내야 합니
다. (우리 산업은 온실가스 의존도가 너무 높은 구조야. 이 자리에서 덜컥 줄인다고
구체적으로 약속했다간 다음에 백악관 입성은 꿈도 못 꿀 거야. 중국을 끌어들이는
물귀신 작전!)

베네수엘라 기후변화에 대한 책임을 모든 나라가 똑같이 나눠 가질 수는 없습
니다. 사실 선진국들의 산업화 때문에 기후변화 문제가 생긴 거 아닙니
까? 게다가 교토의정서가 선진국을 중심으로 온실가스 감축 목표치를
이끌어 낸 것은 의미가 있었지만, 남는 온실가스 배출권을 다른 나라나
기업에 팔 수 있게 한 건 지구의 다급한 환경문제를 시장경제에 떠넘긴
거예요. 기후변화를 협상할 새로운 체제가 필요합니다! (유엔이 한 일이
뭐야? 맨날 미국이랑 중국 입김에 놀아나기만 하잖아. 더 이상 못 믿겠어. 근데 말이
야, 중국이 개발도상국이야, 선진국이야? 왜 개발도상국 행세를 하면서 빠져나가지?
기분 나쁘네.)

투발루 기후변화 협상에만 기대다가는 태평양 섬나라들이 다 잠기겠어요. 각
나라 이익을 저울질하는 건 그만두고, 기후변화를 막을 수 있는 정말 실
질적인 방책을 의논하면 안 되겠소? 우리에게는 당장 생존이 걸린 문제
란 말이오. (너들이 우리 처지가 돼 봐. 우리는 석유 한 방울 안 쓰면서 살았다고. 그
런데 왜 우리가 우리 땅을 버리고 떠나야 되느냐 말이야.)

한국 우리나라는 짧은 시간 안에 개발도상국과 선진국을 모두 경험한 나라
입니다. 지금은 개발도상국으로 분류되어 감축 의무는 없지만, 우리 스
스로 감축 목표를 세우고 또 유엔 녹색기후기금 집행 기구를 유치해 개
발도상국과 선진국 사이를 잇는 다리 구실을 하겠습니다. 당연히 녹색
기후기금도 가장 먼저 통 크게 내는 모범을 보이겠습니다. (선진국으로 의
무 감축국이 되는 건 피하면서도 생색은 내야지. 이런 게 국제 무대에서 한국의 위상
을 높이는 비즈니스 외교라는 거거든. 대책은 마련했냐고? 우리는 명령만 내리면 되
는 구조라는 거 몰라? 하라면 하는 거지. 체질 개선, 기술 투자 없이 되겠냐고? 뭐 그
때는 그때고. 다음 정권으로 공을 넘기면 땡이지 뭐.)

일본 아시다시피 우리는 엄청난 쓰나미 피해를 입고 원전 가동률이 떨어져
서, 지금은 화석연료를 많이 쓸 수밖에 없는 상황입니다. 그래서…… 어
쩔 수 없이 2차 교토의정서는 탈퇴하겠습니다. (일단 우리가 살고 봐야지. 근
데 한국은 뭐냐? 왜 이렇게 잘난 체해? 재수 없게. 그래도 자존심이 밥 먹여 주나, 뭐.)

러시아 이거 뭐하자는 소리요? 네 번째로 탄소를 많이 배출하는 나라가 탈퇴
하다니! 그럼 우리도 2차 교토의정서에서 탈퇴하겠소. (앗싸, 우리도 명분
이 생겼어. 1차 교토의정서 때는 다른 나라 눈치를 보느라 뒤늦게 참여했지만, 이번
에 일본이 빠질 때 얼른 같이 빠져나가야지.)

의장 자자, 흥분들 가라앉히세요. 잠시 쉬었다 다시 하겠습니다. (휴우~ 쉰다고
별 수 있겠어? 2차 교토의정서를 협약한다는 데까지만 합의를 보고, 자세한 결정은
다음 번 회의로 미뤄 버려야겠어.)

회의장 밖이 소란하네요. 세계 곳곳에서 모인 시위대들은 '기후가 아니라 체제를 바꾸자'는 피켓을 들고 행진하고 있습니다. 단순히 몇 가지 정책을 마련하는 게 중요한 것이 아니라, 사회 전체가 변해야 한다는 구호를 외치면서요. 한편, 다른 쪽에는 기후변화 회의론자들이 모여 있네요. 이들은 기후변화를 주장하는 과학자들이 출처가 정확하지 않은 것을 인용하거나 사실을 과장하고 왜곡하고 있다고 비판하면서, '당장 행동에 나서는 건 좀 성급하지 않을까?'라는 제목의 전단지를 뿌리고 있습니다.

교토의정서는 기후변화에 대응하기 위해 1997년에 합의한 국제 협약입니다. 주요 내용은 2008년부터 2012년까지 1차 감축 공약 기간 동안에 선진국들이 먼저 1990년을 기준으로 탄소 배출량을 평균 5.2% 줄이고, 2013년부터 시작되는 2차 감축 공약 기간에는 개발도상국들도 함께 탄소 배출량을 줄이자는 것이었어요. 개발도상국이 온실가스를 줄일 수 있게 선진국이 경제적으로 지원한 만큼 그 선진국이 감축 의무량 약속을 지켰다고 인정해 주기로 했고, 산업구조를 바꾸거나 여러 가지 제도를 통해 탄소 배출량이 허용량보다 적어지면 나머지 허용량을 필요한 나라에 파는 거래 제도도 인정했습니다.

하지만 가장 큰 온실가스 배출국이었던 미국이 교토의정서 조약에서 일방적으로 탈퇴해 합의한 내용을 실천하는 데 어려움을 겪었어요. 2005년에야 러시아가 참여해 55개국 이상이 서명해야 한다는 조건을 겨우 충족해 효력을 가지게 되었어요. 그 뒤로도 선진국들은 빠른 경제 성장으로 탄소 배출량이 선진국의 배출량을 앞서는 중국

과 인도, 한국도 감축 의무를 져야 한다고 불만을 나타냈고, 미국과 중국은 신경전을 벌여 국제회의 때마다 갈등을 빚었어요.

1차 감축 공약 기간 만료를 코앞에 두고 2012년 카타르 도하에서 제18차 유엔 기후변화협약 회의가 열렸습니다. 하지만 2013년부터 시작되는 2차 공약 기간에 대해 구체적으로 합의하지 못하고 나라마다 새로운 기후 정책과 의무 감축량을 2015년까지 내놓기로 하는 선에서 이야기하고 폐막했어요. 그뿐만 아니라 그동안 했던 눈치작전 수준을 넘어 드러내 놓고 서로 책임을 떠넘기면서, 1차 교토의정서 참여국 가운데 일본, 러시아, 캐나다, 뉴질랜드 같은 나라들이 2차 교토의정서에는 불참하겠다고 선언해 버렸어요. 탄소 배출량 세계 1, 3위인 중국과 인도는 1차 때는 개발도상국으로 분류되어 감축 의무가 없었는데, 2차 교토의정서 때도 미국이 참석하지 않는다는 것을 이유로 감축국에서 빠져나갔지요. 미국도 국내법을 핑계 대며 1차에 이어 2차에도 참여하지 않았답니다. 그래서 2차 교토의정서에 참여

하는 의무 감축국의 배출량을 다 합쳐 봐야 세계 탄소 배출량의 15% 밖에 안 돼서 별 의미가 없다고 평가합니다.

　우리나라는 온실가스 배출량 순위로는 세계 10위 안에 들고, 배출 증가율로는 1위라는 보고가 있습니다. 선진국과 개발도상국의 중간에서 의무 감축국에 드는 것은 피하면서도 스스로 감축량을 정해서 발표하고, 녹색기후기금을 집행하는 국제기구를 유치하기 위해 애쓰면서 국제회의에서 온실가스 감축과 관련해 발언권을 높이고 있어요. 국제적인 약속을 지키려면 국내 산업구조를 바꾸고 대체 에너지를 개발하는 데 투자해야 하는데 행동보다 말이 앞선다고 할 수 있어요.

　미국은 기후변화에 대한 과학적 근거가 부족하다, 배출 규제 목표를 일방적으로 정했다, 배출권 거래 과정이 투명하지 않다, 만약 기후와 관련해서 문제가 생겨도 해결할 과학기술이 있다며 여러 가지 이

2012년에 열린 유엔 기후변화협약 회의.
각국의 이해관계가 충돌하면서 알맹이 없는 회의가 되고 말았다. ©UN

야기를 하고 있어요. 하지만 속사정은 석유 사용량을 제한하거나 거래 가격을 올리면 백악관 입성이 힘들다고 할 정도로 미국 내 에너지 과소비 구조를 바꾸기가 어려워서랍니다.

　문제를 해결할 수 있는 열쇠를 틀어쥐고 있는 중국은 개발도상국의 대표를 자처하여 선진국이 먼저 양보하고 지원해야 한다고 말하면서, 갈등 구조를 이용해 경제 발전의 고삐를 늦추지 않으려고 해요. 인도는 여기에 편승하고 있고요.

　몇 번이나 기후변화 회의를 했지만 뾰족한 결론이 나지 않으니까 제3세계와 환경 단체는 비판의 목소리를 높였고 섬나라 대표들은 회의 자리에서 눈물로 호소했어요. 이렇듯 국제회의가 아무런 진전이 없다 보니, 미래 세대를 위해 서둘러 기후변화를 막아야 한다는 대중의 위기의식과 관심도 무디어지는 것 같아요.

우리가 알고 있는 지구온난화 이야기

"베이징 하늘의 나비 한 마리가 일으키는 날갯짓이 대서양을 지나가는 태풍의 방향을 바꿀 수 있다"는 이야기를 들어 본 적 있나요? 지구라는 행성은 수권, 지권, 기권, 생물권 등이 서로 끊임없이 복잡하게 상호작용을 하는 유기적인 시스템이에요. 이 시스템에 가장 큰 영향

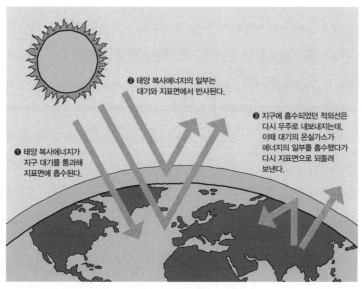

❶ 태양 복사에너지가 지구 대기를 통과해 지표면에 흡수된다.

❷ 태양 복사에너지의 일부는 대기와 지표면에서 반사된다.

❸ 지구에 흡수되었던 적외선은 다시 우주로 내보내지는데, 이때 대기의 온실가스가 에너지의 일부를 흡수했다가 다시 지표면으로 되돌려 보낸다.

지구온난화의 원리

을 주는 것은 뭐니 뭐니 해도 태양이지요. 태양 에너지 공급에 균형이 깨지면 이를 해결하기 위해 에너지가 이동하는 과정에서 대기와 해양이 순환하는데, 이것으로 날씨와 기후가 생기는 것입니다.

지구에 다다르는 태양에너지는 50% 정도가 지표로 흡수되고 20% 정도가 구름과 대기에 흡수되었다가 장파장으로 대기를 통해 다시 내보내지는데, 이때 수증기와 이산화탄소 같은 온실가스가 지구 복사에너지의 일부를 흡수해 대기의 아랫부분을 따뜻하게 유지시킵니다. 이것을 온실효과라고 하는데 이런 기능이 없다면 지구 평균기온은 영하 18℃쯤 될 거라고 해요.

그런데 산업혁명 이후 인류는 에너지를 많이 쓰면서, 200여 년 동안 석탄, 석유, 천연가스 같은 화석연료를 마구 태웠어요. 그러면서 대기에 포함된 이산화탄소 양이 급격히 늘어났어요. 인구가 많아지고 목축업이 발달하면서 이산화탄소를 흡수하는 삼림이 계속 줄어들기도 했고요. 이처럼 대기 중의 이산화탄소 농도가 높아진 게 지구온난화의 원인으로 꼽히게 됩니다.

지구가 더워지고 있다는 주장은 스웨덴의 화학자 아레니우스가 1896년에 처음으로 말했는데, 20세기 후반이 되어서야 정치적 문제로 떠올랐어요. 해수면이 높아지고 각 지역에서 홍수, 가뭄, 생태계 변화 같은 자연재해가 빈번하게 일어나자, 1980년 중반부터 국제사회는 지구온난화에 크게 관심을 보이기 시작했습니다. 1988년에는 유엔 회의 결의에 따라 세계기상기구와 유엔환경계획에 '기후변화에 관한 정부 간 협의체(IPCC)'를 만들었어요. IPCC는 기상학자, 해양학자, 빙하 전문가, 고기후학자, 정치가, 경제학자 같은 전문가 3000여 명으로 만들어진 국제 네트워크입니다. 기후변화에 대한 과학적 평가, 기후변화가 끼치는 영향 평가, 기후변화 대책 마련이라는 세 분야에서 전문가들이 모여, 과학적 근거를 바탕으로 기후변화와 관련된 가장 공식적인 입장을 발표한답니다.

1992년 6월에는 유엔환경개발회의에서 '기후변화협약(UNFCCC)'을 결의했습니다. 참고로 우리나라는 1993년에 이 협약에 가입했어요. 하지만 이 기후변화협약은 온실가스를 줄이는 데 구속력이 없었어요. 그래서 1997년 일본 교토 회의에서 교토의정서를 결의한 것입니다. 교토의정서는 한마디로 전 세계 온실가스 배출량을 1990년 수준으로 줄여 보자는 약속이었어요. '꿈의 냉매'라고 했던 염화불화탄소를 쓰지 말자고 결의해 오존층 문제를 해결하려고 했던 몬트리올 의정서 때처럼, 국제사회는 규제를 해서 지구온난화 문제를 해결하려고 했어요. 하지만 온실가스 배출 문제는 단순하게 특정 물질만 금지한다고 해결될 문제가 아니었습니다. 전체 산업구조를 염두에 두고 규제하거나 대안을 마련하는 게 필요했는데, 미국은 곧 탈퇴하고 말았습니다.

과연 교토의정서는 얼마나 지켜졌을까요? 카타르 도하 회의가 열린 2012년을 기준으로 보면, 1년 만에 온실가스가 약 2.6% 늘어났고 1990년보다 50%나 증가했습니다. 과학자들이 예상한 것을 보면, 1990년 수준으로 온실가스를 줄이면 2100년의 지구 평균기온은 2℃ 올라가고 지금과 같은 상승세를 그대로 두면 5℃ 이상 높아진답니다.

겨우 5℃로 이렇게 난리 법석이냐고요?

IPCC가 2007년에 발표한 4차 보고서를 보면 지구 표면 온도가 4℃ 올라갈 경우 최대 3억 명이 해일 때문에 피해를 입게 되고, 아프리카와 지중해에서 쓸 수 있는 물의 양은 30~50% 정도 줄어들며, 북극해 연안의 툰드라 지대가 절반쯤 사라지는 환경 재앙이 일어날 거라고 해요. 툰드라 지대에는 탄소 성분이 있는 유기물이 많이 있는데, 언 땅이 녹아 툰드라 지대에 환경 변화가 일어나면 이 유기물들이 분해되면서 엄청난 양의 이산화탄소가 생긴다고 합니다.

5℃쯤 올라가면 히말라야의 거대한 빙하가 사라져, 중국과 인도에서는 물이 모자라 수억 명이 고통받게 된다고 하네요. 그리고 해수면이 올라가 뉴욕, 런던, 도쿄 같은 바다에 가까운 큰 도시들이 물에 잠길 수 있다는 예측도 있습니다. 그러면 인류 문명은 해안가에서 고산 지대로 옮겨 가게 되겠지요. 그런데 다른 쪽에서는 환경 보고서의 예측이 지나치게 부풀려졌다는 의혹도 제기하고 있습니다.

우리가 잘 모르는 지구온난화 이야기

지구온난화의 과학적 증거물들이 확보되자, 지구온난화 실태를 조사하기 위해 유엔 국제위원회가 만들어졌어요. 정부 간 기후변화위원회(IPCC의 전신)와 세계 지도자들이 참여했지요. 영국의 마거릿 대처 수상은 기후변화가 원자폭탄에 견줄 만큼 지구에 큰 영향을 줄 수 있다고 연설해서 주목을 끌기도 했어요.

　지구온난화와 관련해서 정부와 기업에게 책임을 묻는 움직임이 일어나자, 로널드 레이건 미국 대통령은 원자폭탄을 개발한 맨해튼 프로젝트에서 활동한 윌리엄 니런버그에게 지구온난화 연구를 맡겼습니다. 정부를 변호할 과학자가 필요했던 거지요. 니런버그는 보고서에서 "지구온난화 문제는 그리 심각한 수준이 아니기 때문에 당장 이산화탄소 양을 줄일 필요가 없다"면서, "미국 서부 사막 지역에 거대한 후버 댐을 만들어 가뭄과 홍수 문제를 극복한 것처럼, 지구온난화가 일어나더라도 과학기술로 충분히 극복할 수 있다"고 주장했습니다. 그리고 지구온난화 회의론자 집단을 만들어, 지구온난화와 관련 있는 연구 결과를 반박하고 이들 연구의 문제점을 지적해 왔습니다. IPCC 4차 보고서가 2007년에 발표되자, 이들은 '지구온난화의 원인은 명백히 인간'이라는 메시지가 전 세계 사람들에게 과도한 공포감을 조성한다고 비판했어요. 그리고 "기후변화와 관계있는 연구와 녹색 산업이 필요 이상으로 지원금을 받고 있다"며 "온실

영화 〈불편한 진실〉은 미국의 전직 부통령 앨 고어가 전 세계를 돌면서 기후변화에 대해 강연한 것을 중심으로 만든 다큐멘터리다.

가스를 줄이자는 주장은 개발도상국의 산업화를 막기 위한 선진국들의 음모"라고 주장했어요.

미국의 전직 부통령 앨 고어는 〈불편한 진실〉이라는 다큐멘터리 영화의 주인공이에요. 전 세계를 돌면서 기후변화와 관계있는 환경 토크쇼를 열었는데, 환경 분야에 기여한 공로로 2007년에 IPCC와 함께 노벨 평화상을 받았어요. 그런데 영국의 어느 학교에서 이 영화를 수업 교재로 쓰자, 기후변화 이론에 회의적인 생각을 가진 몇몇 학부모와 장학사가 소송을 제기했어요. 영국과 미국의 주요 일간지들은 이 사건을 비중 있게 보도했습니다. 판사는 소송을 기각했지만, 교사가 수업 교재로 쓰려면 이 영화에 대한 반대 의견도 함께 소개하라고 권했어요.

〈불편한 진실〉에 어떤 내용이 담겨 있길래 소송까지 했을까요? 영국의 컴퓨터 과학자 팀 램버트가 〈불편한 진실〉에서 문제가 된 부분들을 정리해 블로그에 올린 글을 조금 소개할게요.

영화 내용	소송 내용
기후변화로 빙하가 녹으면서 가까운 미래에 바다 수면이 20피트 이상 높아질 것이다. 그러면 그린란드와 북극 서부는 잠길 것이다.	이는 과도하게 공포를 부추기는 내용이다. 이런 일이 실제 일어난다 하더라도 1000년 이상은 걸릴 것이다.
태평양의 산호섬이 온난화 때문에 가라앉고 있다.	침수 때문에 사람들이 대피한 적은 아직 없다.

영화 내용	소송 내용
대서양으로 이동하는 걸프 해류가 온난화 때문에 멈출 수 있다.	IPCC 보고를 보면, 해류의 속도가 줄어들 수는 있지만 움직이지 않고 멈출 가능성은 매우 적다.
65만 년 동안 대기 중 이산화탄소량 변화와 온도 변화 그래프가 일치한다.	이산화탄소량과 온도 사이에 상관관계가 있을 수는 있다. 하지만 그래프를 비교하는 것만으로 "이산화탄소가 많아지면 온도가 올라간다"는 결론을 내리는 것은 무리다.
킬리만자로 산의 만년설이 사라지고 있는 것도 온난화 때문이다.	인류가 일으킨 기후변화 때문에 킬리만자로 산에 있는 눈이 녹는다는 근거는 아직 없다.
아프리카 차드 호수가 말라 버린 것은 지구 온난화의 재앙을 보여 주는 대표 사례다.	온난화가 분명한 원인이라고 하기에는 근거가 부족하다.
2005년 미국을 강타했던 허리케인 카트리나도 지구온난화 때문이다.	뒷받침할 증거가 부족하다.
온난화로 빙산이 줄어들자 빙산을 찾던 북극곰이 오랫동안 헤엄치다 죽은 채 발견되고 있다.	최근 익사한 채 발견된 북극곰은 겨우 네 마리밖에 안 된다. 이것도 폭풍 때문에 죽은 것으로 드러났다.
바닷속 산호초가 탈색되는 것은 온난화 때문에 해수 온도가 올라간 것이 주된 원인이다.	기후변화 때문인지 과도한 어획 또는 오염 때문인지 가려내는 게 쉽지 않다.

지구온난화 논쟁이 계속 일어나는 까닭

여러분이 보기에는 어느 쪽 주장이 더 설득력이 있나요? 자연과 인간 활동을 동시에 변수로 넣고 인과관계를 따지는 것이 결코 단순한 문제가 아니라는 게 실감 나네요. 과학 연구에서는 변인을 잘 통제해야 합니다. 여러 가지 변수가 있을 때 다른 변수를 통제하고 최소한의 변수만 변화시키고 비교해야, 그 변수가 미치는 영향을 확인할 수 있습니다.

그런데 이를 뒤집어 생각해 보면, 실험실 밖에서는 이런 연구 결과를 적용하는 게 어렵습니다. 복잡한 지구 시스템의 변수를 모두 찾아 실험하는 게 처음부터 불가능한 데다, 실제 환경에서는 그 변수들이 워낙 복합적으로 작용하기 때문이죠. 따라서 기후변화를 연구하는 과학자들이 아무리 슈퍼컴퓨터를 써서 시뮬레이션을 하더라도 연구 결과를 확신할 수는 없습니다. 그래서 IPCC 보고서에서도 주로 "그렇게 될 가능성이 몇 퍼센트"라는 확률로 나타내곤 합니다. 하지만 기후변화 연구가 변수가 많고 불확실성이 커서 계속 논란이 일어나는 것은 아닙니다. 기후변화 연구 결과가 나라마다 정책 결정에 반영되기 때문에 이해관계자들이 계속 논쟁을 부추기고 있는 것이에요.

지구온난화와 관련해 크게 세 가지를 중심으로 이야기하고 있는데요.

첫째, 정말 지구가 더워지고 있는가?

둘째, 지구가 더워진다면 그것이 인간 활동으로 그렇게 된 것인가?

셋째, 지구는 앞으로 얼마나 더워지고, 그에 따라 지구 시스템은 얼마나 영향을 받을 것인가?

그럼 쟁점마다 어떤 주장들이 오고 가는지 살펴보겠습니다.

논쟁 ❶ 정말 지구가 더워지고 있는 게 맞아?

화학자 데이비드 킬링은 1958년부터 하와이의 마우나로아 산과 남극에 관측소를 세워 이산화탄소의 농도를 측정했습니다. 시간이 흘러 차곡차곡 쌓인 자료를 보면 이산화탄소 농도가 급격하게 증가한 걸 알 수 있어요. 이렇게 만든 이산화탄소 농도 변화 그래프는 그의 이름을 따 '킬링 곡선'이라고 하는데, 지구온난화를 연구하는 상징이 되었습니다. 기후변화 이론을 지지하는 과학자들은 지구의 평균기온이 변하는 것과 킬링 곡선의 이산화탄소 양이 증가하는 게 일치하므로 온실가스가 대기 중에 쌓이면 지구 평균기온이 올라간다고 주장했지요.

하지만 지구온난화 회의론자들은 기온이 올라가는 게 이산화탄소가 증가한 시점보다 조금씩 앞선다고 지적하면서, 이 둘을 연결지어 생각하는 것은 억지라고 주장합니다. 또, 관측할 때 백엽상(기상 관측용 기구)을 쓰는데, 백엽상을 놓는 위치가 문제라고 했어요. 백엽상은 1940년대부터 썼는데, 1970년대 이후로 기온이 급격하게 올라가 1980년대부터는 해마다 전해보다 올라갔어요. 그런데 이 백엽상을

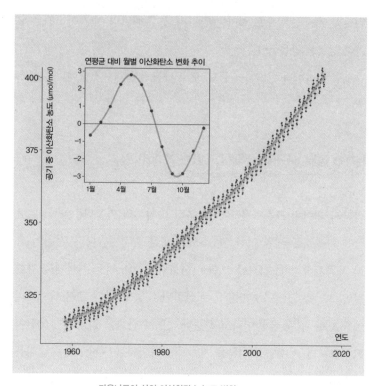

연평균 대비 월별 이산화탄소 변화 추이

마우나로아 산의 이산화탄소 농도 변화 ©Delorme

도시 중심에 두어서 열섬 효과가 고스란히 반영되었다는 거예요. 도심은 아스팔트가 땅을 덮고 콘크리트 건물들이 공기 순환을 방해해 주변 지역보다 온도가 높은데, 이것을 지구 평균기온이 올라간 것으로 잘못 인식했다는 것이지요. 게다가 1990년대부터는 위성을 쏘아 올려 온도를 잴 수 있게 되었는데, 10년 동안 데이터를 분석한 결과 오히려 지구 기온이 내려갔다는 결과가 나왔습니다.

백엽상이 맞는가, 인공위성이 맞는가? 공방이 오고 가는 중에 위성 데이터에서 오류가 발견되었어요. 대기와 마찰해서 인공위성의 고도가 해마다 조금씩 낮아졌는데, 이것 때문에 기온을 계산할 때 오차가 생긴 거예요. 또 기온을 재는 시간도 오후에서 저녁으로 바뀐 게 확인되었고요. 인공위성의 관측 오류를 바로잡고 나니, 반대로 지구온난화의 진행 속도가 상당히 빠르다는 결과가 나왔습니다. 그래서 지구가 더워진다는 데 대한 논란은 일단락되었답니다.

이쯤에서 궁금한 것 한 가지! 지구가 더워진다는데 왜 겨울철 체감온도는 더 낮아지는 걸까요? 지구 평균기온이 올라가면 가장 영향을 많이 받는 곳이 북극이에요. 게다가 빙하와 빙설이 녹으면 햇빛 반사율이 떨어져 극지의 기온이 더욱 빨리 올라간답니다. 북극의 온도가 올라가면 북극을 차갑게 고립시켜 온 제트기류가 약해지면서, 북극 주변에 갇혀 있던 찬 공기가 극지방을 넘어 중위도로 내려오게 돼요. 이 기류를 북극 진동 또는 북극 소용돌이라고 하는데, 이것 때문에 우리나라와 같은 중위도 지역이 일시적으로 더 추워질 수도 있답니다.

해마다 지구촌에 이상기후가 찾아와서 피해를 겪었다는 뉴스를 보게 되는데요, 우리나라도 아열대성으로 기후가 변하는 조짐이 나타나고 있어요. 21세기에 태어난 사람들한테는 '사계절이 뚜렷한 대한민국'이라는 말이 오히려 낯설지도 모르겠네요. 학교에서 지리 시간에는 지역의 특산물을 배우곤 하는데, 선생님들도 참 난감할 거 같아요. 전남 나주 하면 배가 나와야 하는데 한라봉을 키우는 농가가 늘고 있고, 사과 하면 대구 사과를 떠올렸는데 강원도로 재배지가 북상하고 있습니다. 값싼 생선으로 서민들의 사랑을 받았던 명태는 우리나라 바다에서는 구경하기가 어려워져서, 명태 말리기 축제에 가면 수입한 것을 사다 말리고 있다지요. 온도 변화가 1000년에 1℃ 정도라면 생태계가 적응할 수 있겠지만, 몇십 년 사이에 1℃가 변화하면 곤충이나 식물에게는 더 치명적일 수 있고, 전체 생태계가 위협받게 됩니다.

논쟁 ❷ 지구가 더워지는 게 정말 사람 때문이야?

기후변화를 몸으로 느끼는 수준이 되자, 기후변화 회의론자들은 다른 논쟁거리를 들고 나왔습니다. 지구온난화는 정말 인간 때문인가, 아니면 자연의 주기적인 변화인가?

옛날의 기후는 옛 문헌을 연구해 추측해 볼 수 있습니다. 그렇다면 문헌이 남아 있지 않은 때의 기후변화는 어떻게 알아낼 수 있을까요? 섬 전체의 면적 가운데 85%가 얼음으로 뒤덮인 그린란드에서 2차 세계대전 때 우연히 '빙하코어'라는 것이 발견되었어요. 동토층에 구멍을 뚫어서 얻어 낸 얼음 기둥을 말하는데, 겹겹이 눈이 쌓이면서 만들어진 얼음층은 아주 오래전 과거의 대기가 어떻게 구성되어 있는지 고스란히 간직하고 있었어요. 미국 덴버에 있는 냉동고에는 세계 곳곳에서 얼어 낸 빙하코어들이 보관되어 있답니다. 과학자들은 빙하코어와 같은 오래전의 기후 정보를 저장한 천연 온도계를 모으고 있어요. 수천 년 된 나무의 나이테, 산호초, 빙하퇴적층도 중요한 자료가 됩니다.

　미국의 마이클 만이라는 학자는 이런 것들을 종합해 지난 1000년 동안 기온이 변화한 것을 그래프로 그려 냈어요. 처음에는 올라갔던 기온이 서서히 떨어지다가 지난 100여 년 동안 급격하게 기온이 올라가는 모양이었지요. 그 모양이 하키 채를 닮았다고 해서 '하키 스틱'이라고 하는데요. 기후변화를 연구하는 과학계에서 킬링 곡선만

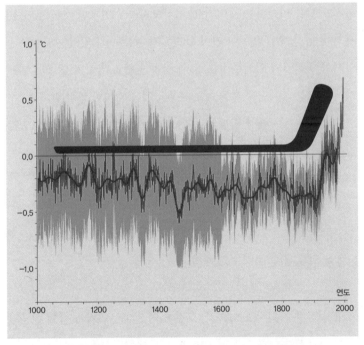

1961~1990년의 기온을 0으로 두고, 지난 천 년 동안의 기온 변화를 나타낸 그래프.
기온이 서서히 낮아지다가 1900년대 들어 급격히 올라가는데, 그 모양이 하키 스틱을 닮았다.

큼이나 유명한 그래프입니다. 〈불편한 진실〉에서도 이 그래프를 인용한답니다. 연도별 예상 기온 분포도를 보면, 2000년대 들어서는 1990년대보다 더 급격히 기온이 올라갑니다.

이에 대해 회의론자들은 마이클 만의 그래프는 근거 없는 허구로 만들었다고 비난을 퍼부었습니다. 또 지구가 따뜻해지는 것이 인간 활동 때문이라는 확증이 없다며, 지구온난화의 주원인은 태양의 활동 변화 때문이라고 주장합니다. 태양 표면에는 흑점이 있는데 흑점의 개수가 많아지면 엄청난 양의 대전입자가 방출되고, 지구 기온에까지 영향을 미친다는 것이지요. 기상학자들이 연구한 것을 보면, 17세기에 50년 동안 흑점이 전혀 발견되지 않은 때가 있었는데 이때가 당시의 냉한기와 일치한대요. 그때 엄청난 한파가 닥쳐 영국의 템즈 강이 얼어붙고 기근과 혹한으로 고통을 겪은 기록이 남아 있어요.

20세기까지는 태양 활동과 기온이 꽤 관계가 있는 것처럼 보였지만, 2000년대부터는 이 상관성이 떨어지고 있어요. 흑점 수는 줄어드는데 기온은 계속 올라가고 있거든요.

논쟁 ❸ 앞으로 얼마나 더워질까?

지구가 정말 더워지고 있는가, 그것이 인간 때문인가와 함께 전문가들이 서로 팽팽히 맞서는 게 있어요. 지구온난화가 앞으로 얼마나 더 심각해질지, 그리고 지역마다 차이가 날 텐데 그게 어느 정도일지 학자마다 다르게 예상하고 있어요.

과학자들은 복잡한 지구 시스템에서 다양한 변수들을 찾아내고 이것을 바탕으로 기후변화를 시뮬레이션 프로그램으로 예측하는 데 많은 관심을 기울이고 있습니다. 초기에는 복잡한 기후 시스템을 슈퍼컴퓨터가 따라가지 못하다가, 컴퓨터 성능이 발달해 지금은 몇 년 뒤의 기후를 예측하는 수준까지 발전했답니다. 복잡한 기상 현상과 기후 요인을 최대한 반영해, 지구 대기 중에 이산화탄소가 지금의 두 배가 될 경우 지구 기온이 얼마나 올라갈지 분석하자 2~6℃ 정도가 나왔다고 해요. 기온이 얼마나 올라가는지에 따라 기후변화에 대응하는 수준도 차이가 나기 때문에 이런 예측은 무척 중요합니다. 기후를 예측하는 시스템의 정확성은 앞으로도 더욱 검증해서 보완해야 할 거예요.

1991년 필리핀에서 피나투보 화산이 폭발했는데, 제임스 핸슨이라는 과학자는 자신의 기후 예측 모델을 이 화산 폭발에 적용해 보았어요. 화산이 폭발하고 2년 사이에 주변 지역의 기온이 0.5℃쯤 내려갔는데, 이는 핸슨의 기후 모델과 잘 맞았다고 하네요. 이런 기후 예측 모델을 바탕으로 과학자들은 이산화탄소 증가에 따라 세계의 기후가 변화해 가는 지도를 그리고 있어요. 지역마다 편차가 크니, 지역마다 기후 정보를 모으고 미래의 기후를 예측하려면 지역 연구자들이 참여하고 협조하는 게 무엇보다 중요합니다.

이대로 계속 간다면

세계 곳곳에서 얻어 낸 빙하코어를 얇게 잘라서 분석해 보니, 수만 년 전에 기후가 갑작스레 변화했고 그 변화 폭이 상당히 컸던 적이 있다고 해요. 이는 지구온난화가 생각보다 훨씬 갑작스레 일어날 수 있다는 가능성을 보여 줍니다. 여러 변화를 종합할 때 10년쯤 뒤 극지방의 여름 빙해는 완전히 사라질 수 있다는 전망이 나왔고, 지구 전체에서 급격하게 기후변화가 일어날 거라고 내다봅니다.

하지만 이런 상황인데도 사람들 마음속에는 지구온난화 주장이 과장되었다는 회의론자들의 주장이 파고들고 있어요. 기후변화가 격

정되기는 하지만 온실가스를 줄이기 위해서 당장 에너지 사용을 줄이는 불편을 감수하기는 싫고, 에너지 정책으로 기업의 생산 비용이 늘어나 국가 경쟁력이 떨어지지는 않을까 걱정도 되기 때문이지요. 선진국들은 축적된 자본과 기술로 기후변화에 어느 정도 적응할 수 있을지 모르지만, 작고 가난한 나라들은 기후변화로 점점 더 큰 피해를 보고 있습니다. 가라앉는 국토를 떠나 머물 곳을 찾아 떠돌고 있는 기후 난민들, 가뭄과 기근 때문에 하루하루 살아가기에도 버거운 사람들, 물이 모자라서 강 상류와 하류에 있는 국가나 부족 사이에서 일어나는 유혈 사태……

도하에서 열린 제18차 유엔 기후변화협약 회의에서는 2013년부

지구온난화로 해수면이 올라가 모래사장이 사라져 버린 투발루의 해변(왼쪽).
세계 시민들은 지구온난화와 기후변화에 대해 근본적인 대책과 변화가 필요하다고
목소리를 높이고 있다(오른쪽). ©Stefan Lins ©Takver

터 적용해야 하는 교토의정서 2차 공약 기간에 대해 구체적인 합의를 보는 데 실패했습니다. 대신 2015년까지 아예 새로운 기후 체제를 합의하자는 선에서 마무리가 되었습니다.

2015년 6월 6일 오전 9시 30분, 서울시 청사에 전국 곳곳에서 사람들이 모여들었습니다. 우리나라뿐만 아니라 세계 80개 국가, 106개 지역에서 직업, 연령, 성별, 인종 등 인구 통계학으로 봤을 때 대표성을 가진 시민들을 뽑아 각 지역에서 동시에 회의를 열었습니다. 회의의 목적은 2015년에 열릴 제21차 유엔 기후변화협약 회의에 정부와 기업의 의견이 아니라 세계 시민의 목소리를 전달하겠다는 것이었어요. 이 일은 언론인 제라드 원이 덴마크 기술위원회, 프랑스의 컨설팅 회사, 프랑스 공공토론위원회와 함께 준비한 것입니다.

세계시민회의에 무작위로 초대를 받은 사람들은 기후변화 대응의 중요성, 기후변화에 대응하기 위한 도구들, 유엔 협상과 국가별 결의, 노력의 공평성과 분배, 기후 행동을 약속하고 실천하는 것 등에 대해 토론하고 여론을 조사해 의견을 모았습니다. 자기 나라뿐만 아니라 다른 나라 시민들하고도 생각을 공유할 수 있는 자리였지요. 이렇게 모은 내용은 파리 기후변화 회의에 세계시민의 이름으로 전달되었어요.

2015년 11월 말, 파리에서 제21차 유엔 기후변화협약 회의가 열렸습니다. 그전에 2010년 멕시코 칸쿤회의에서는 기후 상승을 2℃ 이내로 묶어야 기후변화로 생기는 파국을 막을 수 있다고 인식을 공유한 바 있습니다. 파리회의에서는 나라마다 좀 더 위기의식과 책임을 가지고 실현할 수 있는 감축안을 내놓기로 했습니다. 배출량 3위인 인도는 감축 노력에 여전히 소극적인 태도를 보였지만, 미국과 중국 정부는 이전보다 감축에 우호적인 태도를 보였어요. 몰디브나 투발루는 법적 구속력을 더 높여야 한다고 주장했고요. 나라마다 생각이 다른 건 여전했지만 파리회의에 참석한 나라들은 만장일치로 2100년까지 지구 평균기온을 산업화 이전 시기와 비교해서 1.5℃ 상승하는 선으로 목표치를 더 강하게 잡았습니다. 2℃ 올라갈 경우 물에 잠기는 섬나라들의 목소리가 반영된 것입니다. 그리고 5년마다 각 나라들이 감축 계획을 얼마나 실행했는지 점검하고, 녹색기후기금을 내는 데도 동참하기로 했습니다. 법적 구속력이 없기 때문에 얼마나 지켜질지 걱정은 되지만 분명히 이전 회의보다는 나아진 모습이었습니다.

만약 새로운 기후 체제 협상 결과가 제대로 실행되지 못하고 계속 지금처럼 에너지를 쓴다면 2100년 우리의 미래는 어떻게 될까요?

사과의 맛을 상상하지 못하는 세상

사람들은 희망을 잃었다. 희망이라는 단어조차 사라졌다. 세상에 닥쳐온 재앙에 사람들의 마음은 황무지가 되었다. 가까스로 살아남은 사람들, 그리고 그 후손들. 하지만 그들은 단지 죽지 않았을 뿐 살아 있다고 할 수 없다.

불행은 이미 오래전부터 예견되었다. 발전이라는 욕망의 광폭한 질주에 브레이크가 없다는 사실을 어느 누구도 아는 체하지 않았다. 인간은 수천만 년 동안 만들어진 생물의 축적물을 마구잡이로 끄집어내어 겨우 몇백 년 만에 죄다 퍼 쓰면서, 공장을 돌리고 전쟁을 일으키고 문명의 이기를 누렸다. 미래의 어두운 그림자를 애써 모른 체하며. 그러한 그들에게 지구는 곧 거대한 재앙의 축제를 벌이기 시작했다.

기후변화로 세상은 가뭄과 홍수에 시달렸고, 안전지대에 살 수 없었던 가난한 사람들부터 차례차례 죽어 가기 시작했다. 곧 피비린내 나는 전쟁이 시작됐다. 외교 분쟁이나 이념 문제라는 가면을 쓰고 있었지만, 진짜 이유는 기후변화가 몰고 온 식량 부족이었다. 얼마 남지 않은 곡창지대를 차지하기 위한 전쟁이었던 것이다.

사람들이 기후가 바뀌는 것을 막으려 하면 할수록 세상은 점점 더 혼란스런 미궁에 빠져들어 갔다. 그것은 너무나 분명하게 예견된 실패였다. 자연이 수십억 년 동안 이루어 온 에너지의 흐름과 균형을 읽을 수 없었던 사람들은 파국을 더욱 재촉했다. 공장 굴뚝에서 나오는 탄소를 해저 동굴에 가두었으나, 해저 화산이 폭발하면서 기후변화의 속도가 몇 배나 빨라지고 말았다. 인공 물질을 대기 중에 살포해 태양의 뜨거운 에너지를 막아 보려고 시도한 것은 오히려 생태계의 균형을 깨뜨리고 말았다. 이렇게 사람들의 멈추지 않은 욕망은 해수면을 끌어올려 결국 낮은 곳이 바다에 잠기고 말았다.

재앙이 눈앞에 드러나기 시작하자 사람들은 그제야 변화를 부르짖기 시작했다. 하지만 그들이 선택한 것은 더 큰 재앙의 불씨였다. 원자력이 기후변화를 막을 수 있는 유일한 희망이라는 선전은 욕망이라는 열차의 속도를 줄일 생각이 조금도 없는 선택이었다. 예전에 원자력발전소에서 끔찍한 사고가 여러 번 일어났는데도, 시간이라는 편리한 망각은 사람들을 원자력에 열광하게 만들었다. 하지만 그 열광은 끔찍하게도 영원히 살 수 없는 땅을 남기고서야 사라졌다. 세계 곳곳에서 원자력발전 사고는 끊이지 않고 일어났고, 우라늄은 방사능을 세상에 흩뿌렸다. 얼마 안 가 사람들은 세포의 괴멸과 돌연변이와 온갖 암으로 죽어 갔다. 방사능에 오염된 땅과 바다에는 이제 안심하고 먹을 수 있는 것이 남아 있지 않았다.

소년은 문서 저장고에서 찾아낸 '사과'라는 단어를 상상해 본다. 사과의 시큼하며 달달한 맛을 상상해 본다. 하지만 안전 구역에서 태어나 정체를 알 수 없는 에너지 바만 먹으며 생존해 온 소년에게 '맛'을 상상한다는 것은 불가능한 일이었다. 소년은 희망이란 사과 맛과 같을 거라고 생각한다. 상상할 수 없는 사과 맛과 존재하지 않는 희망은 같은 거라고.

소년이 고개를 뒤로 젖혀 위를 올려다본다. 이제 이곳에는 하늘이 없다. 희뿌연 유리 돔의 거대한 천장이 있을 뿐이다.

7

송전탑과 전력 관리

765kV의 거인에 맞선 할매들

765kV의 거인에 맞선 할매들

"아이고, 아이고……. 쥑이라. 고마 쥑이 삐라!"

"아이쿠!"

"악!!"

"다리 들어. 허리 잡고!"

너무 많은 사람들이 좁은 산비탈에 모여서 몸싸움을 하고 있다. 아수라장이란 이런 걸 두고 하는 말인가 보다. 한쪽에서는 죽어도 안 끌려 나가려고 하고, 또 한쪽에서는 기를 쓰고 끌어내리려고 하고. 끌어내리려고 하는 쪽은 정복을 입은 경찰들이고 끌려 나가지 않으려는 쪽은 아무것도 걸치지 않은 맨몸뚱이다. 하지만 그 몸에는 세월이 지나간 흔적이 뚜렷하다. 맨몸으로 버티는 노인들은 고함을 지르려 하지만 힘에 부치는지 소리조차 제대로 내지 못한다.

팬티 한 장 달랑 입은 밀양 할매들 목에는 쇠사슬이 감겨 있다. 송전탑 장비가 들어오는 것을 막기 위해, 할매들은 지팡이 없이는 잘 걷지도 못하는 자기 육신을 무기로 던진 것이다.

"못 막으면 죽을 수밖에 없는 깁니더. 우리가 뭐 보상금 더 받을라꼬 이러는 게 아입니더. 트럭으로 가지고 온다케도 그 돈 안 받습니더. 조상님께 물려받고 평생을 이 몸뚱이 던져서 일궈 놓은 내 논하고 밭을 지킬라꼬 이렇게 목에 쇠사슬을 묶은 거라예."

처연한 할매들의 몸싸움은 보는 이의 가슴을 무너뜨린다. 그 할매들 앞에서 신부와 수녀 들이 서로서로 팔짱을 끼고 조용히 찬송가를 부르고 있다. 눈물이 흘러내리고 목이 메어 노래는 가다 서다를 되풀이하고 있다. 일흔 살이 넘은 할매들의 절규가 들린다.

"우리는 그저 살라꼬 그러는 긴데……. 봐라, 이거 안 놓나!"

"이게 나라냐. 이게 정부냐고……."

할매들의 오래된 젖가슴이 흔들린다. 달려드는 건장한 장정 네다섯 명에게 팔과 다리를 붙잡힌 채 버둥거리는 할매들의 흰 다리에서 탄력 없는 살이 축 쳐져 흔들거린다. 하지만 그 주름진 몸에서 저항의 힘이 강하게 솟아난다.

"쥑이라, 쥑이라. 우리는 목숨 안 아깝다. 쥑이라. 얼마든지 쥑이 봐라!"

밀양에는 오래된 싸움이 있었다. 신고리 원자력발전소 3호기에서 생산한 전력을 수도권으로 보내기 위해 765kV의 신고리 북경남 송전선로를 만들려고 하는 사람들과 막아 내려는 농촌의 늙은 할매, 할배 들의 싸움이었다. 거인 골리앗과 늙은 다윗의 싸움.

북경남 송전선로 송전탑 162개 가운데 밀양 땅에만 69개가 세워진단다. 아파트 40층 높이의 송전탑이 할매들의 텃밭을 지나고 할배들이 평생 땅에 엎드려 일군 논을 지나 집 마당에서 지척인 산자락을 지나갈 거란다. 162개나 되는 거인 같은 송전탑을 밀양의 할매, 할배들은 이해할 수가 없었다.

"가슴이 미어터지고 분통이 터져서 말이 안 나옵니더. 서울서 전기 좀 적게 쓰면 되는데, 거그서 전기가 필요하면 거그서 지으면 되지, 왜 사람 직이

가면서 여기서 짓나, 난 그게 이해가 안 되는 기라."

밤에 전깃불 켜는 것도 아까운 할매, 할배들이기에 그 위험하다는 원전을 하나 더 돌려야 할 정도로 전기를 펑펑 쓰고 있다는 것도 이해할 수 없었다. 도시에서 쓸 전기를 위해 왜 내 논밭과 뒷산을 내놓아야 하는지도. 이미 있는 송전탑을 잘 이용해도 될 것 같은데, 밤이면 끼이익 끼이익 소음을 만들어 내는 초고압 송전탑을 더 만든다는 것도 이해할 수 없었다.

그래서 몇 년을 한결같이 비탈진 산을 지팡이 짚고 오르내리며, 험상궂은 용역들 욕설을 참아 내고 위험을 견뎌 내며 농성장을 지키고 있는 것이다. 도대체 이해할 수가 없어서.

확성기에서 건조한 목소리가 문서를 읽어 내려갔다.

"밀양시 부북면 위양리 산 87번지의 불법 시설물인 텐트 움막 및 컨테이너 철거 행정 집행 개시를 선언합니다. 2014년 6월 11일."

일명 '6월 11일 행정 대집행'을 실시해서 밀양에 있던 농성장 네 곳이 모두 철거되었다. 할매, 할배들은 다시 논으로 밭으로 돌아갔다. 땅에 엎드려서 콩이 되고 고추가 되어, 하늘을 올려다보지 않았다. 눈 깜빡할 새에 거인들이 그들의 하늘을 점령해 버린 것이다.

"우리는 보상금 더 받으려고 9년간 싸워 온 것이 아닙니다.
— 밀양 765kV 송전탑 반대 4개 면 주민 일동"

한쪽 끈이 떨어진 현수막이 혼자 맥없이 흔들리고 있다. 그들의 싸움은 과연 끝난 것일까?

앞 에피소드는 밀양에서 실제로 일어났던 일이에요. 몸을 움직이는 것도 불편한 노인들은 왜 매일같이 산에 올라가 시위를 해야 했을까요? 초고압 송전탑이 뭐길래, 세우려는 사람들과 막으려는 사람들이 왜 이렇게 목숨 걸고 싸우는 걸까요?

우리나라는 전기의 대부분을 대형 화력발전소와 원자력발전소에서 생산하는데, 그 대부분이 남쪽 해안에 있어요. 그런데 생산한 전력의 40% 가까이를 수도권 사람들이 쓰고 있습니다. 그래서 남쪽에 있는 발전소에서 서울 주변까지 전력을 나를 수 있는 송전선이 이어져 있어요. 그 사이사이에 송전선을 받쳐 주는 송전탑이 있습니다.

우리가 무거운 것을 옮길 때 강하게 밀어야 움직이는 것처럼, 전력도 압력을 가해야 움직여요. 이를 '전압'이라고 하는데, 단위로는 볼트(V)를 써요. 우리가 보통 쓰는 콘센트에 '220V'라고 쓰여 있는 것을 보았지요? 송전선 전압이 강할수록 더 많은 전력을 한 번에 운반할 수 있고, 중간에 전력이 사라지는 것도 줄어요. 초고압 송전선로 사업은 이처럼 전력을 더 많이, 더 안정적으로 나르는 방법으로 계속 해

나가고 있습니다.

초고압 송전은 1969년에 미국 AEP 전력 회사에서 송전선로를 운영하면서 시작되었어요. 그 뒤 미국의 뉴욕, 남미의 브라질, 베네수엘라, 아프리카의 남아프리카공화국 같은 곳에서도 송전선로를 만들기 시작했답니다. 우리나라에서는 1976년 10월에 여수-옥천 사이에 송전선로를 만들어 송전을 시작했는데, 40여 년 만에 더욱 강한 전압으로 전력을 나르기 위해 체계를 갖추려고 해요.

초고압 송전탑을 만들겠다고 한 것은 우리나라의 전력 수요량이 점점 더 늘어나고 있기 때문이었어요. 그 절반쯤은 수도권에서 쓰고 있죠. 그런데 얼핏 보면 아주 좋은 뜻으로 송전탑을 만드는 것 같은데, 왜 이렇게 반대하는 사람들이 많은 걸까요? 자, 그럼 이제부터 초고압 송전탑을 둘러싼 논쟁에 깊숙이 들어가 봅시다. 이 논쟁을 살피다 보면, 우리가 별 생각 없이 쓰는 전기가 조금 다르게 보일지도 모르겠어요.

찬성 전력 공급보다 수요량이 많으면 큰 정전이 일어날걸?

우리는 전기 없이 살아가기 어려워요. 집 안, 거리 어디에서든 쉽게 볼 수 있는 전기 제품과 설비 들은 전력을 공급받아서 작동합니다. 그래서 전력 공급량은 한 사회 안에서 쓰이는 모든 전력량보다 늘 많아야 해요. 만약 전력 수요량이 공급량을 넘어서면, 전력망과 송전선 전압이 크게 낮아지고 전력 시스템이 멈추게 된답니다.

이처럼 전력 수요와 공급의 균형이 조금이라도 어긋나게 되면 한순간에 공급이 중단되어 정전이 일어나니까, 잠깐이라도 수요가 공급을 넘으면 안 돼요. 우리나라는 특히 에어컨 같은 냉방 시설을 많이 쓰는 한여름에 전력 사용량이 가장 높아서, 이때 수요량이 최대 공급량에 가장 가까워진답니다. 전력은 저장할 수가 없어요. 따라서 늘 최대 전력 수요보다 어느 정도 여유 있게 공급 능력, 다시 말해 발전 설비 용량을 갖추어야 하고, 전력망을 안정적으로 만들어야 합니다.

서울 같은 큰 도시 전체가 한순간에 블랙아웃(대규모 정전) 된다면, 과연 어떤 일들이 벌어질까요? 상상만 해도 등골이 서늘해집니다. 정전이 되는 순간 도로는 아수라장이 될 거예요. 신호등이 모두 꺼지니

우리는 수많은 전자 제품 속에서 살고 있다.
전기가 오랫동안 끊기면 어떻게 될까? ©shutterstock

까요. 거리의 차들은 서로 뒤엉켜 사고가 나거나 옴짝달싹 못 하게 되어 고함 소리와 경적 소리로 시끌시끌해질 거예요. 가정집에서는 전깃불은 물론 냉장고가 꺼져서 음식들이 썩기 시작합니다. 게다가 두세 시간만 지나면 가스 공급 시설과 정수 시설도 멈춰요. 그래서 물과 가스의 공급이 끊기게 되지요.

ATM에서 돈을 찾을 수도 없고, 신용카드 리더기가 먹통이니 카드로 결제도 할 수 없습니다. 열여덟 시간이 지나면 전화국이나 인터넷 기지국의 비상 발전기도 멈춥니다. 이제는 모든 통신도 끊겨져 카톡이나 페이스북도 할 수 없는 상황이 되고, 스물네 시간이 지나면 소방서와 경찰서의 비상 발전기도 멈추게 됩니다. 모든 것이 멈추고, 세상은 질서 없는 아비규환이 되어 버릴 거예요.

영화에서나 나올 것 같은 이야기지만, 실제로 이런 블랙아웃이 일어나곤 한답니다. 2012년 여름에는 인도 북부 지역에서 정전이 일어나 이틀이나 계속되었대요. 무려 6억 명이 피해를 입었다고 합니다. 하루에 180만 명이 이용하는 전철이 멈춰 버리고, 교통대란이 벌어졌습니다. 웨스트벵갈 주에 있는 석탄 광산 세 곳에서는 엘리베이터가 멈추면서 광부 200여 명이 지하에 갇혔어요. 다행히 광부들은 모두 무사히 구조되었지요.

2011년 9월 15일에는 우리나라에서도 전국적으로 돌아가며 정전이 일어났답니다. 전력이 모자라면 자동으로 차례차례 전국에서 정전이 일어나는 시스템이 움직인 거예요. 가을에 들어서면서 기온이 높지 않을 것으로 예상해 한국전력에서 정비하느라 발전 시설 23기를 멈추었는데, 이날 기온이 올라가면서 전기 사용량이 급증한 거예요. 승강기에 갇힌 사람들이 구조 요청을 해 소방서 전화기에서 불이 났습니다. 신호등이 멈춰 버린 도로는 차들이 서로 뒤엉켜 엉망이 되었지요. 경찰들이 수신호로 교통을 정리했지만 수습이 안 됐어요. 주유기가 멈춰서 자동차들이 기름을 넣지 못했고, 마트에서는 카드 결제도 할 수 없었답니다. 전국에 있는 대학들은 수시 모집 일정을 연장했지요. 어느 프로야구 경기장에서는 1회 말에 정전이 되어 경기가 중단되기도 했답니다.

블랙아웃, 즉 대규모 정전은 정말 위험한 일이에요. 이런 사태를 미리 방지하려면 안정적으로 전력을 나를 수 있는 초고압 송전탑은 반드시 필요합니다.

반대 비효율적인 시스템을 바꿔야 해!

우리가 모르는 사이에 전기는 쉴 새 없이 버려지고 있어요. 보통 낮보다 밤에 전력 소비량이 적습니다. 거기에 맞춰서 생산량을 조절한다면 가장 바람직하겠지만, 그것이 쉽지가 않아요. 발전소 설비가 워낙 크고, 한번 가동하면 그것을 조절하는 데 시간과 노력이 더 들기 때문이에요. 원자력발전 같은 경우는 전력량을 조절하는 데 1~7일이 걸리고, 화력발전은 전력량을 조절하려면 오히려 단기적으로 연료를 더 써야 된다고 해요. 그래서 전력 수요가 낮아지는 밤 시간에도 생산

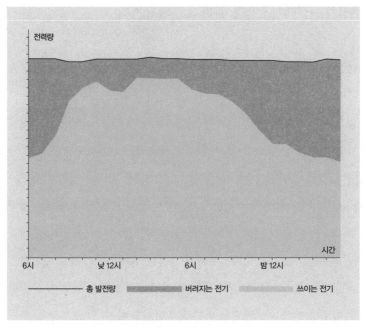

한여름 날의 전력 사용 현황

량을 줄일 수가 없다고 합니다.

그래서 최근 많은 과학자들은 블랙아웃이 일어나지 않게 하는 대안으로 지속적으로 관리하는 것이 중요하다고 강조하고 있어요. 최대 수요량에 공급량을 맞추기보다는, 최대 수요량을 줄이는 방법을 찾아야 합니다. 전력 소비가 가장 많은 시간은 1년 8760시간 중에 500시간밖에 안 되니까, 이 기간 동안 쓰는 전류의 양을 제한하거나 적절히 나누어 쓰는 방법을 찾으면 최대 전력 수요량을 낮출 수 있을 거예요.

찬성 수도권에서 전력을 얼마나 많이 쓰는데!

남산 타워 아래에서 내려다보는 서울의 야경은 너무나도 아름답습니다. 전기는 이렇게 도시를 환하게 밝혀 주지요. 그런데 문제는, 서울과 수도권에서 쓰는 전력량은 많은데 그곳에서 생산하는 전력은 아주 적다는 거예요. 현재 서울의 전력 자립도는 4%도 되지 않는답니다. 그런데 인천, 전남, 경남, 충남, 부산 같은 지방의 전력 자립도는 100%를 넘어 400%까지 이르고 있어요. 모두 수도권의 모자란 전력를 채우기 위한 거예요. 이렇듯 우리나라는 전국 곳곳이 하나로 연결된 송전망으로 지방의 발전소에서 생산한 전기를 공급하고 있어요.

발전소 규모만이 아니라, 전력 수송 체계도 전력을 더 많이 운반할 수 있도록 해야 수도권에서 원활하게 전기를 쓸 수 있을 거예요. 우리나라에서는 이전까지 345kV 송전 설비로 전력을 공급해 왔는데, 워낙 이동 거리가 길다 보니 전압이 떨어져서 전력 손실이 크고, 중간중간에 변전소에서 전압이 떨어진 전력을 다시 345kV 전압으로 조정해서 보냈다고 합니다. 효율이 떨어지는 일이지요. 765kV 초고압 송전선로는 이런 문제를 해결해 줄 거예요. 765kV는 76만 5000V로, 220V 가정용 콘센트에 흐르는 전압보다 3477배나 커요. 기존 345kV급 송전 설비보다 전력을 나르는 능력이 네 배 정도 높고, 전력 손실도 20% 줄어든다고 해요. 이전보다 수도권에 전력을 안정적으로 공급할 수 있겠지요?

반대 대형 송전선 하나로만 공급하는 게 더 불안하거든?

2008년 7월, 미국 상원에서 초고압 송전선로에 관한 청문회가 열렸어요. 그때 미국 여러 지역에서 초고압 송전을 만들려는 움직임이 있었는데, 대표적으로 미국 서부 오하이오에 있는 화력발전 단지에서 생산한 전기를 765kV 송전선로로 동부 지역에 보내려고 계획하고 있었어요. 이 송전선은 버지니아, 웨스트버지니아, 메릴랜드 같은 여러 주를 지나갈 계획이었어요. 그런데 이 계획에 반대하는 쪽이 나타나면서 갈등을 겪게 되었죠. 송전선로 건설에 찬성하는 송전 사업자들은 "2003년에 미국에서 일어난 대규모 정전을 피하려면 안정적인 송전선로가 필요하다"고 주장했고, 반대하는 사람들은 "정전은 송전선로와 무관하다"고 맞섰어요. 이 논쟁이 끝나지 않으니 2008년에 청문회가 열린 거예요.

이 청문회에 조지 로라는 송전 전문가가 출석했습니다. 그는 청문회에서 "2003년에 일어난 대규모 정전 사태는 송전 설비가 모자라서가 아니라, 전력을 생산해서 이용하는 데까지 전체 시스템을 잘못 운영해서 일어난 것이다. 초고압 송전선으로 전기를 보내는 방식은 고장이나 테러의 위협에 노출될 수밖에 없다"고 말했어요. 그러면서 먼 데서 전기를 생산해 나를 게 아니라 전기를 쓰고 있는 지역 가까운 데서 전력을 생산하는 게 낫다고 제안했습니다.

조지 로의 이야기는 초고압 송전 사업을 다시 검토하는 데 중요한 근거가 되었어요. 그 뒤 버지니아 주의 기업규제위원회와 메릴랜드

발전소에서 마을과 도시로
전기를 운송하는 전선과 이를 잇는 송전탑
©Typhoonchaser

주의 공공사업규제위원회는 초고압 송전선로 사업을 허락하지 않았어요. 3년 뒤인 2012년에는 사업을 계획했던 사업자도 송전선로 건설을 포기한다고 공식적으로 발표했답니다.

미국뿐만 아니라 유럽 여러 나라에서도 초고압 송전선로를 반대하는 여론이 많아지고 있어요. 우리나라도 원래 있는 345kV 송전선로 세 개로 전기를 나르는 데 아무런 문제가 없습니다. 새로 짓는 발전소에서 생산할 전력도 이 송전 노선들의 용량을 조금 늘리면 얼마든지 공급할 수 있고요. 초고압 송전선로에만 의존하는 단일 전력망을 만들면, 오히려 자연재해나 테러 같은 비상 상황이 일어났을 때 더욱 위험할 수 있습니다.

그리고 수도권의 전력 자립도가 낮다는 것이 가장 근본적인 문제입니다. 조지 로가 말했듯이, 전력 생산 시설이 전기를 쓰고 있는 지역과 가까울수록 훨씬 안전할 수 있어요. 수도권 지역 안에서 태양열 같은 것을 이용해 작은 발전 시설을 많이 만드는 것도 좋은 대안이 될 수 있습니다.

찬성 전자파? 근거 없이 겁내기만 할 뿐!

전자파는 전기와 자기의 흐름에서 일어나는 에너지의 파동입니다. 과학 시간에 많이 들었던 적외선, 자외선, 가시광선, 감마선, X선 같은 빛도 전자파 종류예요. 우리가 많이 쓰는 스마트폰과 컴퓨터, 통신용 안테나에서는 물론이고 태양빛과 지구 자체에서도 전자파가 생깁니다.

전자파는 보안 시스템이나 의학 검사와 치료에 많이 활용되고 있어요. 사람 몸에서도 전자파가 생겨요. 인체의 순환계를 통해 혈액이 움직이면서 정전기가 일어나고 자기장이 만들어지는데, 이때 인체의 세포, 조직, 기관은 서로 다른 주파수를 가집니다. 심전도 검사, 뇌전도 검사, MRI(자기공명영상) 같은 현대 의학 기술은 이런 인체의 전자파를 이용하고 있어요.

전자파마다 파장의 성질이 다릅니다. 1초에 진동하는 횟수를 '주파수'라고 해요. 우리가 주로 쓰는 전자 제품에서 나오는 주파수는 거의 $50 \sim 60Hz$(헤르츠)로 극저주파인데, 송전탑의 주파수도 이와 같아요. 이 주파수는 이동통신 주파수보다 훨씬 낮아요. 4G 같은 경우는 $2GHz$(기가헤르츠)나 된답니다. 저주파는 공중에서 멀리까지 가지 못해요. 그래서 높이가 90m가 넘는 756kV 송전선로는 전자파가 내려오면서 많이 흩어진대요. 오히려 송전탑 높이가 낮은 345kV 송전선로 주변이 전자파의 영향을 더 많이 받을 수 있어요. 우리가 사는 동네에도 수많은 전선이 있지요.

게다가 여러 역학 조사 결과, 전자파가 암 같은 질병을 생기게 하는데 영향을 미치지 않는다는 결과가 나왔어요. 지난 30여 년 동안 다른 나라에서도 연구를 많이 했으나 전자파가 해롭다는 과학적 근거는 아직 나오지 않았습니다. 세계보건기구는 1996년에서 2007년까지 8개 국제기구, 8개 국제 협력 연구기관, 세계 54개국이 공동 참여한 '국제 전자계 프로젝트'를 연구했어요. 그리고 "일반 대중이 생활에서 접하는 극저주파는 건강 문제와 관련이 없다"고 연구 결과를 발표했답니다.

우리나라에서도 여러 번 연구를 했어요. 한국전기연구원과 안전성평가연구소가 실험했는데, 실험 쥐 한 무리는 전자파가 없는 정상적

우리는 휴대전화나 전자 제품을 쓰면서 전자파가 건강에 해롭진 않을까 걱정한다.
그렇다면 엄청난 양의 전력이 계속 흐르는 송전탑 아래는 어떨까? ©pexels

인 상태에 놓고, 나머지 세 무리는 각각 50mG(밀리가우스), 833mG, 5000mG의 전자파에 생후 28일째부터 294일째까지 하루 21시간씩 오랫동안 노출시켰다고 해요. 5000mG는 우리나라 송전선로에서 생기는 전자파의 260배나 되는 세기이며, 833mG는 세계보건기구가 허용하는 수치입니다. 그 결과 아무 차이가 없었다고 2008년에 발표했지요. 이처럼 우리나라 연구에서도 전자파가 우리 몸에 해롭다는 결과가 나온 적은 한 번도 없답니다. 전자파에 대한 두려움은 그저 쓸데없는 걱정일 뿐이에요.

반대 국제보건기구가 이미 전자파를 발암물질로 지정했어!

전자파는 우리 몸에 있는 칼슘 원자를 칼슘 이온으로 만들어요. 인체에 칼슘 이온이 많이 생기면 두통, 미각과 후각의 이상, 통증, 저림과 같은 증상이 나타나며, 심하면 상황을 판단하는 능력에 이상이 생기기도 한답니다. 게다가 정상적인 세포분열을 방해하고 세포의 DNA를 손상시키며 몸속의 영양소를 파괴해 암을 일으키는 인자를 만듭니다. 그래서 전자파에 오래 노출되면 생식력과 태아가 자라는 데 문제가 생길 수 있고, 관절염, 심장병, 뇌졸중, 암 같은 병에 걸릴 수 있습니다. 그래서 국제보건기구는 2002년에 고압 송전선로 전자파를 발암 가능 물질로 지정했어요. 이것은 지금까지도 변함이 없습니다.

많은 나라에서는 전자파와 관계있는 시설이나 고압 송전선로를 만들 때 사람들이 많이 사는 지역이나 민감한 시설을 피해서 세웁니다. 고압 송전선로가 주변의 생태계나 인간에게 부정적인 영향을 미친다는 사실이 이미 오래전부터 발견되었기 때문이죠. 1979년에 미국의 위스하이머 박사는 변전소 주변에 사는 어린이들한테서 소아백혈병, 뇌종양 같은 소아암이 전체적으로 약 2.25배 증가했다는 사실을 알아냈어요. 1993년에 스웨덴 정부도 송전선이 지나가는 지역에 사는 아이들이 소아백혈병에 걸릴 확률이 다른 곳과 비교해 계속 증가한다는 사실을 밝히면서, 주택 단지 가까이에 있는 고압 전선을 철거하기 시작했어요. 그 지역의 전자파 수치가 안전 기준 범위 안에 있었는데도 말이지요.

밀양 송전탑 반대 대책 위원회 보고를 보면, 우리나라에도 고압 송전이 있는 지역에서 암 발생률이 증가한 사례가 있어요. 경기도 양주시에 있는 전력소 인근 마을에서 지난 10년 동안 17명이 암으로 숨졌으며, 충남 청양군에서도 전력소가 들어선 뒤 암 사망자가 급증했다고 합니다.

이처럼 전자파는 인체에 안 좋은 영향을 미칩니다. 단순히 짧은 시간에 하는 임상 실험만으로 그 연관성을 알아내는 것은 한계가 있어요. 게다가 초고압 송전선로가 높아서 전자파가 내려오면서 없어질 거라고 했지만, 765kV 송전선 아래에 전원을 연결하지 않고 그냥 형광등을 세워 두었는데도 불이 들어왔답니다. 실제로 많은 양의 전자파가 사람들에게 영향을 미칠 거예요. 그런데도 사람이 사는 마을과 논밭 가까이에 송전탑을 세운다는 건, 살인 행위와 다를 바 없습니다.

전기에 대한 새로운 생각들

지금까지 초고압 송전선로에 대한 다양한 의견을 살펴보았습니다. 찬반 의견이 팽팽하네요. 그런데 사실은 에너지를 만드는 곳과 쓰는 곳이 따로 있다는 것, 그리고 해마다 늘어만 가는 전력 소비가 더 근본적인 문제 아닐까요? 많이 쓰니까 많이 생산하고 많이 수송해야 한다는 생각, 이제 조금 바꾸어야 할 때가 아닐까 싶어요. 실제로 이런 노력들을 세계 곳곳에서 하고 있답니다.

최근 우리나라와 세계 여러 나라에서 '스마트 그리드(smart grid)' 라는 차세대 에너지 기술을 적극 개발하고 있어요. IT 기술을 전력망에 접목해, 전력 공급자와 소비자가 실시간으로 정보를 주고받아 에너지 효율을 최대로 높이는 지능형 전력망을 말합니다. 전력 공급자는 전력 사용 현황을 바로바로 파악해 공급량을 그때그때 조절할 수 있고, 소비자도 실시간으로 전력 소비량을 파악해 전기를 적게 쓰는 시간에 쓸 수 있는 거예요. 이렇게 탄력적으로 전력을 조절하고 활용하기 위해 효율적이고 안정적인 에너지 저장 장치를 개발하는 데도 애쓰고 있습니다.

우리나라에서는 제주도에 스마트 그리드 시범 단지를 만들었는데, 2030년까지 단지를 완성할 계획이에요. 현재 스마트 그리드 체험을 하고 있는 제주의 가정집에는 옥상에 태양광 발전기를 만들었는데, 시간당 3kW의 전력을 생산해서 전기 요금이 확 줄었다고 해요.

독일에서는 'E-모빌리티 베를린(E-mobility Berlin) 프로젝트'를 추진하고 있어요. 이 프로젝트는 베를린 도심에 전기 자동차가 다닐 수 있게 하는 것인데, 독일 자동차 업체는 전기 자동차를 개발하고, 도시 곳곳에는 충전소를 만들고 있답니다.

또 다른 에너지 대안으로 '에너지 독립 하우스'가 있어요. 외부에서 에너지를 공급받지 않고 건물 자체에서 에너지를 자급자족하는 주택을 말합니다. 주로 태양광 발전으로 전력을 생산하고, 집 안의 열이 최대한 빠져나가지 않게 설계하고 있어요. 이런 건축 기법을 패시브 하우스(Passive House)라고 하는데, 친환경 마을로 세계적으로 주목받고 있는 영국 런던의 '베딩턴 제로에너지 단지(BedZED)'가 이 기법을 쓰고 있는 대표적인 예랍니다.

오스트리아 무레크는 석유와 석탄 같은 화석연료에 의존하지 않고 세계 최초로 에너지 자립을 이룬 마을이에요. 이 마을은 유채씨에서 바이오 디젤을 만들고, 남은 찌꺼기는 돼지 사료로 쓰고, 돼지 똥으로 메탄을 만들어서 발전을 하고, 남은 액체 비료는 고스란히 다시 밭에 뿌려 유채를 키우는 '에너지 순환의 법칙'을 고스란히 실천하고 있답니다. 조금 더디지만, 지속 가능한 삶을 선택한 것이지요.

스위치를 누르고 플러그를 꽂기만 하면 쉽고 값싸게 쓸 수 있는 전기. 우리 삶에서 떼려야 뗄 수 없는 전기. 그렇지만 이 편리한 전기가 내게 오기 위해 누군가 희생을 치러야 한다면, 우리는 어떻게 해야 할까요? 함께 '모두를 위한 전기'에 대해 생각해 봅시다.

에너지를 좀 더 친환경적으로 생산하고 효율적으로 쓰자는 움직임이
점차 늘고 있다. 위는 독일 베를린 곳곳에 있는 전기 자동차 충전기,
가운데와 아래는 마을 전체를 친환경적으로 설계한
베딩턴의 공동주택과 거리 모습.

8

원자력발전

원전이 정전되면
무슨 일이 벌어질까?

episode **8**

새로운 스크루지 이야기

"역시 김 대리야. 자네는 준비된 인재라고. 아마 승진도 준비되어 있겠지! 하하하."

스크루지 김은 오전에 상사가 한 칭찬이 떠올라 저절로 어깨가 으쓱해졌다. 점심을 먹은 뒤 음미하는 커피 향이 그날따라 더 깊이가 있는 듯했다. 점심을 먹고 서둘러 회사로 돌아가는 사람들 행렬이 이어지고 있었다. 한쪽에 오래된 원전 수명을 연장하는 것에 반대하는 사람들이 서명을 받고 있는 모습이 보였다. 스크루지 김은 저들을 이해할 수 없었다.

'참 사람들이 시간도 많아. 자기 일도 아닌데 저렇게 시간을 쏟다니. 내 인생 하나 챙기기도 얼마나 바쁜데. 차 바꾸고 아파트 평수도 넓히려면 승진을 해야 하고, 승진하려면 내 시간을 상납해야 한단 말이지. 저렇게 시간을 쏟아붓는 건 다 낭비야. 영웅 심리가 있는 사람들이나 하는 짓이야. 어리석은 자기 자랑질일 뿐이라고. 쯧쯧……'

……픽! 스크루지 김은 혀를 차며 몸을 돌리다 그만 누군가와 몸을 부딪히는 바람에 커피를 와이셔츠에 쏟고 말았다.

"아야! 뭐야, 눈을 어따 떼 놓고 왔어!"

투덜대며 보니 나이가 일흔은 훌쩍 넘어 보이는 노인이었다. 그런데 행색이 독특했다. 은백색 우주복을 입고, 머리카락도 은백색인 데다 번개 머리를 하고 있었다. 은백색 피어싱을 한다고 귀에 큼지막한 구멍을 내 놓아 뒤가 훤히 들여다보일 지경이고, 오른쪽 눈썹은 절반만 짙고 까만 검은색이었다. 영락없이 나이 많은 하드코어 록 밴드의 모습이었다.

'아, 뭐야. 이 영감 제정신인가? 저 나이에 코스프레를 즐기는 건가.'

"에이, 씨…… 음음. 영감님, 조심하셔야지요. 커피 쏟았잖아요."

"첫 만남치고는 인상 깊지. 며칠을 고민해서 설정한 장면이라고. 대성공이야. 이 절묘한 타이밍. 아직 내 운동 감각이 살아 있군."

"네에? 일부러?"

"스크루지 김, 널 위해 먼 길을 왔어. 나 네 앞에 있어. 대사 멋지지 않나?"

"제 이름은 어떻게……?"

은백색우주복무늬만하드코어록밴드 노인은 귀신 씨나락 까먹는 소리만 잔뜩 늘어놓더니 스크루지 김에게 유난히 길고 뾰쭉한 손가락을 까딱였다. 아마도 따라오라는 것 같다. 어이가 없어진 스쿠르지 김이 '뭐 이런 미친 노인이……' 하며 멱살을 잡아채려는 순간, 무언가 이상한 느낌이 들었다. 스크루지 김 자신의 몸이 마치 커피 속에 녹아 들어가는 크림처럼 형체도 없이 일렁일렁 길게 늘어지고 찌그러지는 듯하다가, 커피 잔 속의 소용돌이처럼 빙글빙글 회전을 하기 시작하는 것 아닌가. 자신이 요상하게 쥐어짜지는 모습을 스스로 바라보는 희한한 상황에 아무 소리도 못 내고 어안이 벙벙해 있는데, 갑자기 세상이 환해졌다.

"어, 어……. 아니, 어떻게 된 거예요?"

다시 정신을 차린 스크루지 김 눈앞에 아까 보았던 코스프레 노인, 은백색

우주복무늬만하드코어록밴드 노인이 나름 심각한 표정을 지으며 자신을 바라보고 있었다.

'이 노인이 날 납치한 거야. 이 노인네를 아주 그냥!'

스크루지는 손을 뻗어 노인의 멱살을 잡으려다가 그만 온몸이 얼어붙고 말았다. 갑자기 눈앞에 펼쳐진 풍경에 옴짝달싹할 수가 없었던 것이다. 거의 부서져 버린 거대한 건물들이 줄지어 서 있고, 건물 파편들이 여기저기 길을 가득 메웠다. 전쟁으로 한바탕 폭격이 쓸고 간 풍경을 보는 듯했다. 몇몇 사람이 아주 느리게 움직이고 있었다. 은백색우주복무늬만하드코어록밴드 노인은 어디서 났는지 호흡기를 쓰고 장화로 갈아 신고 있었다. 이건 또 뭐야. 은백색우주복무늬만하드코어록밴드 노인이 이정표를 가리켰다. 그러더니 후쿠시마, 후쿠시마라고 말을 했다.

"후쿠시마? 어디서 많이 들어 봤는데……."

노인이 어느새 사라지고 없었다. 스크루지 김은 흰옷을 머리 위부터 뒤집어쓴 채 지나가는 사람을 불러 보았다.

"이봐요. 저기요!"

고개를 돌린 사람은 큼지막한 마스크를 쓰고 있어서 얼굴도 잘 안 보였다. 무더운 여름철에 도무지 어울리지 않는 복장이었다.

"여기가 어딘가요?"

"아니, 당신은 왜 타이벡도 안 입고 그러고 있는 거요? 어디에서 왔길래 이렇게 간이 큽니까?"

"타이벡? 아, 당신이 입은 하얀 옷이요? 왜 그걸 입어야 하는 건가요? 여기 무슨 전염병이 돌고 있나요?"

"전염병이라면 차라리 낫지요. 그건 어쨌든 언제고 지나가잖아요."

"네? 그럼 전염병보다 더한 일이 일어나고 있는 건가요?"

"아니, 정말 여기가 어딘지 모른단 말이오? 여기는 후쿠시마요. 후쿠시마 다이치."

"후쿠시마라고 듣긴 했는데, 무슨 일이 있었나요?"

"이 사람이 정말, 뉴스도 안 보시오? 원자력발전소가 멜트다운된 곳 아니오. 이곳은 방사능으로 오염된 지역이란 말이오."

"방사능이오?"

그때 은백색우주복무늬만하드코어록밴드 노인이 갑자기 눈앞에 나타났다. 이번에는 묵직해 보이는 기계를 손에 들고 있었다. 그 기계도 계기판만 겨우 보이게 비닐봉지로 빈틈없이 싸맸다.

"준비된 인재니까 대강 상황 접수 완료?"

"아니, 대체 왜 내가 여기에 있는 거예요? 우리 회사는 어디로 간 거예요. 그리고 나만 이렇게 맨몸으로 놔두면 어떻게 해요, 방사능 물질이 떠다닌다는데!"

"일단 따라오기나 하라고. 살고 싶으면 말이야."

"이 영감이…… 아, 아니, 저기 할아버지! 같이 가요!"

노인은 마치 바퀴 달린 신발을 신은 듯 빠르게 미끄러지며 앞으로 사라지고 있었다. 스크루지 김이 허겁지겁 뒤를 따라 뛰어가는데, 노인이 든 기계에서 계속 미친 듯이 소리가 나고 있었다. 그렇게 한참을 가다 보니, 발전소 뒤편에 어마어마한 원기둥 모양 통이 셀 수도 없이 꽉 들어찬 곳에 도착했다. 노인은 어떤 물통 밑부분에 기계를 가져다 대었다. 거기서 뭔가가 새고 있었고, 아마도 새는 것이 더 이상 흘러나가지 않게 막으려는 듯, 타이벡을 입은 인부들이 모래주머니를 쌓고 있었다. 기계는 물통 밑부분에서 어느 때보다 더 시끄러운 소리를 냈다. 그 물통 옆에서 일을 하는 인부 몇 사람은 목에 건 기계의 LCD 패널을 자주 보며 모래주머니를 쌓다가, 목걸이를 다시 확인하더니 모래주머니를 그 자리에 던져두고 주위 사람들과 함께 서둘러 자리를 떠났다.

"료타, 모래주머니 가지고 오염수 새는 걸 막을 수 있을까?"

"어떻게 막겠어. 그래도 안 쌓는 것보다야 나으니까."

"개인 선량계 수치가 많이 오버됐지? 생각보다 방사능 오염이 심한 것 같던데."

"그러게, 심각하네. 오늘 코피를 쏟지나 않을지……. 요즘은 인부들이 작업 나갔다 돌아오면 코피 흘리는 일이 많더라고."

"방사능에 피폭해서 그런 거라던데. 그나저나 이 물통만 새는 게 아닌데 어쩔 건지, 거참."

인부들의 불안한 대화가 점점 멀어져 갔다. 뒤에 남은 맨몸의 스크루지 김은 더욱더 안절부절못했다.

"뭐야 도대체, 이 미친 영감아! 여기 날 데리고 온 목적이 뭐야? 나 같은 인재가 여기서 죽기라도 하면 당신이 책임질 거야? 나랑 아무런 상관도 없는 이곳에 이렇게 끌고 와서는 아무 보호 장치도 없이 내팽개치고……. 이건 명백한 납치고 살인이야!"

은백색우주복무늬만하드코어록밴드 노인이 뚱한 얼굴로 쳐다보더니 키득키득 웃기 시작했다.

"잘 들어. 난 당신이 꿈꾸는, 당신이 살게 될 세상을 보여 주려는 것뿐이야. 나중에는 나한테 고마워하게 될걸? 어디 아무나 미래를 볼 수 있나. 나 같은 슈퍼 히어로나 돼야지."

그때 요란한 사이렌 소리가 울렸고, 멀리 폭파된 한 건물에서 인부들이 쏟아져 나와 어디론가 달려가는 모습이 보였다.

"하여튼 우리도 어디론가 피하고 봐요. 여기에 이렇게 있지 말고."

말없이 요상한 기계를 연신 이곳저곳에 대 보며 천천히 걷던 은백색우주복무늬만하드코어록밴드 노인이 입을 열었다.

"어디로? 대체 어디로 피한단 말이냐. 이리로 가느냐, 저리로 가느냐, 그것이 문제로다. 이 후쿠시마 지역은 이미 온통 방사능에 오염이 되어 버렸는걸? 이곳은 원자폭탄이 200개쯤 떨어진 것 같은 상황이라고. 도쿄 제1전력에서는 체르노빌보다 사고 규모가 작다고 하지만, 그건 사고가 일어났을 때 이야기이고, 후쿠시마 원자로의 방사능 물질을 막을 길은 없을 거야. 원자로가 폭발하는 것을 막기 위해 퍼 부은 물만 해도 4억 톤이 넘지, 아마. 그 물이 모두 방사능에 오염된 거야. 게다가 오염된 물은 거의 태평양으로 대책 없이 흘러 들어가고 있어. 해안에서 멀리 떨어진 곳에서 세슘이 웅덩이처럼 쌓인게 발견될 정도지. 알고 있겠지만, 태평양은 멀리 미국까지 흘러간다고. 그러고 다시 돌아오지. 자네가 살고 있는 동네라고 안전할 것 같은가? 이렇게 오염된 지하수가 바다로 흘러 들어가는 것을 막지도 못하고, 멜트다운돼서 지하로 쏟아져 내린 원자로의 핵연료는 아직 거두어들일 엄두도 못 내는 형편이야. 그런데도 이 형편없는 정치인들은 2020년에 도쿄에서 올림픽을 치르기로 했잖아. 요상해. 이해를 할 수가 없어. 뭘 믿고……."

"그러게요, 정말 대책 없네. 근데 이렇게 무서운 원자력발전소를 왜 만든 거래요? 사고 나면 자기네 나라만 피해를 입는 것도 아니면서."

그때 다시 한 번 요란한 사이렌 소리가 났다. 어디서 무슨 일이 났는지는 모르겠지만 일단 사람들이 뛰어가는 방향으로 뛰어가야 한다. 뛰어가는 사람들 속에서 은백색우주복무늬만하드코어록밴드 노인만 꼼짝 않고 있었다. 스크루지 김은 노인의 손을 잡고 뛰기 시작했다. 그런데 노인은 힘이 장난이 아니었다. 아무리 세게 잡아당겨도 꼼짝도 않는 것이었다. 오히려 뛰려던 스크루지 김이 휘청거리며 엉덩방아를 찧었다. 옷에 묻은 흙을 털어 내며 몸을 일으키는데, 아니 일으켰다고 생각했는데, 갑자기 발밑이 허전해졌다. 마치 딛고 있던 땅이 사라지기라도 한 것처럼.

"으아아악!"

발밑에는 정말 아무것도 없었다. 허공이었다. 스크루지 김은 공중에 바둥거리며 떠 있었다. 놀라서 연신 소리를 질러 댔지만 허공이 그 소리를 삼켜 버리고 말았다. 노인의 모습도 보이지 않았다. 한참 호들갑을 떨다 살며시 발 아래를 내려다보니 어디선가 많이 본 듯한 거리였다. 그런데 밤인데도 낮처럼 온통 번쩍거리며 환했다. 밤하늘의 무수히 많은 별이 오갈 데가 없어서 나뭇가지에 꽃처럼 내려앉은 것일까? 나무에도 전등이 꽃처럼, 잎처럼 주렁주렁 매달려 있었다. 환한 거리에는 마치 영화 스크린을 걸어 놓은 듯한 가게의 쇼윈도들이 줄을 이었고, 조명이 달린 대형 브로마이드 사진 속 연예인들은 환하게 웃고 있었다. 가게 안에서 시원한 에어컨 바람이 거리까지 나와서 무더운 한여름 밤의 끈적거리는 열기를 식혀 주고 있었고, 가게 밖에 매달린 스피커는 심장 박동처럼 쿵쾅거리며 박자를 맞추고 있었다.

'아, 명동이구나. 다행이다. 그런데 이렇게 환했나. 이러려면 전기를 엄청 많이 써야 할 텐데. 이러니 후쿠시마 같은 발전소를 짓는 거지…….'

스크루지 김 바로 아래에서 두 여학생이 큰 소리로 학교 선생을 흉보며 지나가고 있었다.

"오늘 학교에서 ×× 열 받았어. 자꾸 에어컨을 *끄는* 선생이 있는 거야. 우리 반 아이들 절반쯤이 에어컨 바람 때문에 담요를 뒤집어쓰고 있었거든. 그랬더니 전기를 절약해야 한다나 뭐라나, 후쿠 뭐라고 하던데, 하여튼 일본의 원자력발전소 사고를 생각하라면서 에어컨을 *끄는* 거야. 짜증 나."

"어머, 말도 안 돼. 여름에 에어컨을 *끄다니*. 에어컨 틀어 놓고 담요 뒤집어 쓰고 있으면 얼마나 상쾌하다고. 시원하면서 뽀송뽀송하고 푸근하고. 전기 좀 쓰더라도 학습 능률이 올라가면 그게 다, 음……, 그래, 국가 경쟁력을 키우는 거잖아. 정말 뭘 모르는 선생이야. 일본에서 난 사고가 우리랑 뭔 상관이라고, ×× 짜증 나."

스크루지 김은 어이없는 눈빛으로 그 여학생들의 대책 없이 경쾌한 발걸음을 눈으로 따라가고 있었다.

'바로 내가 살고 있는 곳인데. 나도 얼마 전에 이곳을 지나갔잖아. 그런데 왜 이렇게 낯설지?'

마음 한구석에서 스멀스멀 마치 벌레 기어가듯이 손가락이 오그라드는 느낌의 깨달음 같은 게 자꾸 튀어나오려고 한다. 그때, 은백색우주복무늬만 하드코어록밴드 노인이 저 앞에서 회오리 감자 바를 들고 맛있게 오물거리며 걸어오고 있었다.

"어, 저기, 저기 할아버지! 저 여기 있어요. 저 좀 어떻게 내려 주세요, 할아버지!"

하지만 허공에서 울리는 이 애절한 목소리가 거기까지 들리지 않는지, 아니면 들리는데 귀찮아서 모른 척한 것인지 노인은 눈길 한 번 주지 않았다.

"역시, 회오리 감자에는 설탕을 듬뿍 뿌려야 돼. 짱이야."

명동 노점에서 먹을거리를 얼마나 해치웠는지, 은백색 우주복 아래로 배가 올챙이처럼 볼록 튀어나와 안 그래도 짧은 노인네의 굽은 다리가 더 짧아 보였다.

"노후한 원자력발전소는 즉각 가동을 중지해야 합니다. 시민 여러분, 설계 수명이 다한 원자력발전소를 멈추는 데 서명해 주십시오."

낮 같은 밤의 시간이 흐르는 명동 거리 한쪽에서는 촛불 몇 개를 꽂아 불을 밝힌 한 단체가 오래된 원전을 멈추는 데 서명해 달라며 서명 운동을 벌이고 있었다. 관심을 갖고 다가가서 서명을 하는 시민도 몇몇 있었지만, 많은 사람들은 어슬렁거리며 걷다가도 그곳 앞에만 가면 갑자기 서둘러 걸으며 세상에서 가장 바쁜 척하며 지나갔다.

"이봐. 젊은 친구들. 국가 경제를 생각해야지. 낡았다고 다 없애 버리면 이 늙은 것도 무덤으로 가란 소리 아닌가?"

"어르신, 어르신이 건강하게 오래 사시기 위해 오래된 원자력발전소를 멈춰야 하는 거예요. 원자력발전소 사고가 얼마나 무서운 건데요."

"이런 답답한 친구들 보게. 석유 한 방울 안 나오는 나라에서 원자력발전소를 가능한 많이 돌려야지."

"우리가 에어컨을 10분만 끄고, 전등을 한 개라도 더 끄면 수명이 다한 위험한 원자력발전소를 다시 가동하지 않아도 된답니다."

"이 거리만 봐도 그렇지 않나. 이렇게 밤에도 밝고 환하니까 외국인 관광객들도 많이 오고, 사람들이 많이 모이니 장사도 잘되고 이렇게 좋은 것 아닌가."

"어르신, 지금 당장은 아무 문제가 없어 보이지만, 지금 우리가 오래된 원전을 멈추지 않는다면 우리나라에서도 후쿠시마 같은 사고가 일어날 수 있습니다."

서명장 부근 분위기가 점점 고조되어 갔다.

"일어나지도 않은 사고를 가지고 이렇게 사회를 뒤숭숭하게 만드는 건 국가 경제를 좀먹는 매국노 같은 행동이야. 빨갱이나 하는 짓이라고. 이딴 서명 같은 건 당장 집어치워!"

실랑이를 벌이던 어떤 노인이 탁자 위에 있던 서명 용지를 집어서 던져 버리려고 했다. 그러자 서명을 받던 사람들이 노인을 막으려고 실랑이를 하면서 몸싸움이 벌어졌다. 지나가던 사람들은 소리를 지르며 그 주위를 피했고, 싸움은 점점 커졌다.

그때였다. 회오리 감자를 다 먹었는지 손가락에 묻은 설탕 가루를 빨아 먹던 은백색우주복무늬만하드코어록밴드 노인이 유난히 삐쩍 마른 손가락 하나를 들어서 까딱하는 듯싶더니, 갑자기 그 거리의 모든 불빛이 사라져 버렸다.

잠시, 아주 잠시. 하지만 정말 완벽한 정적이 흘렀다.

까악! 어딜 만져, 이 치한아! 아, 앞 좀 똑바로 보고 걸어요! 불 켜, 불 좀 켜라고. 내 핸드백! 도둑이야! 아, 더워, 에어컨 좀 어떻게 해 봐!

잠깐 동안 정적이 흐른 뒤 거리는 비명과 울음소리, 고함 소리로 가득 찼다. 그런데 소음을 가르고 한 아이의 소리가 들렸다.

"엄마, 별이야. 별이 나타났어."

사람들은 무심코 하늘을 올려다보았다. 정말 별이 한가득 하늘을 메우고 있었다. 스크루지 김이 떠 있는 허공 위에도 별이 나타났다. 하나씩 둘씩 차례로 나타난 것이 아니라 순식간에 수많은 별이 나타나서 빛나고 있었다. 오래전부터 그 자리를 지키고 있었던 것처럼.

아, 별이다. 어머나, 신기해라. 서울에도 별이 있네. 별 너무 예쁘다. 나 저

거 사 줘.

거리의 다툼과 소음도 별빛이 만들어 내는 고요한 평화의 불빛 속으로 잦
아 들어간 듯했다. 고요하고 평화로운 진짜 밤다운 밤이었다.

스크루지 김은 자기가 불안하게 허공에 대롱거리고 있다는 것도 잊었다.
그때 갑자기 스크루지 김의 가슴 한가운데가 이상한 통증 때문에 아프더니,
콧등 주변으로 심한 압박이 느껴지기 시작했다. 터질 듯한 강한 압력이 이내
눈가를 욱신거리게 하더니, 갑자기 '뚝' 하고 뭔가가 떨어졌다.

눈물이었다.

'어, 내가 왜 울지. 갑자기 왜 눈물이 나오는 거지……. 근데 왜 마음은 또
이렇게 평화로운 거지. 내가 방사능에 피폭한 건가. 전에 느껴 보지 못한 이
상한 기분이야.'

어디선가 고요하고 따뜻한 기운이 느껴지고, 온몸에 기분 좋은 새 기운이
샘솟는 것 같았다. 무릎에도 힘이 들어가고 발밑에도……. 어, 땅이다. 스크
루지 김은 허공에서 땅으로 내려왔다. 이 얼마 만에 디뎌 보는 단단하고 마
음 놓이는 느낌인가. 좋은 냄새까지 나는 듯했다. 스크루지 김은 갑자기 식
욕이 돌면서 창자에서 요란한 꿍음이 들렸다. 언제 나타났는지 은백색우주
복무늬만하드코어록밴드 노인이 검지를 입술에 갖다 대며 조용히 하라고
신호했다.

"아까 할아버지가 회오리 감자를 먹고 있을 때 저는 허공에 대롱대롱 매달
려 있었어요. 그거 아셨어요?"

"내 손목이 욱신거리는데 왜 그걸 몰라. 내가 널 들고 있었잖아. 명동 거리
잘 보라고 공중에다 대롱대롱 들고 있었거든. 보기보다 좀 나가던데? 이제
또 딴 데로 가 볼까?"

무언가가 스크루지 김의 목구멍을 꽉 막아 버려 아무 소리도 나오지 않았다. 스크루지 김이 답답한 가슴팍을 두드리고 쓸어내렸지만, 오히려 코도 막히고 숨도 잘 못 쉴 지경이 되어 버렸다. 정신까지 아득해졌다. 얼마나 시간이 흘렀을까. 정신을 차리고 보니 스크루지는 하얗게 생긴 가지가 주렁주렁 목걸이처럼 매달린 하얀 나무 앞에 서 있었다. 어디선가 부드러운 바람이 불었다. 바람을 따라서 움직이는 것일까, 사람들이 우르르 쏟아져 나와 새털처럼 가볍게 걷고 있었다.

그들은 은백색우주복무늬만하드코어록밴드 노인이 입은 것처럼 은백색 우주복을 입고 있었다. 그들은 하나같이 무표정했으며 또 하나같이 나이가 많은 노인들이었다. 젊은이나 어린아이는 아무리 찾아봐도 보이지 않았다. 그들이 웃고 있는 건지 우는 건지 도저히 구분이 되지 않았다. 왜 저 사람들은 은백색 우주복을 입고 있는 거지? 여기도 방사능으로 오염이 되었나?

은백색우주복무늬만하드코어록밴드 노인이 자기와 똑같이 생긴 사람들과 함께 스크루지 김 앞에 나타났다. 그들의 표정 역시 아무런 감정이 없었다. 극도로 자제를 하는 건지 아니면 머릿속이 텅 비어 버린 것인지. 그들은 스크루지 김을 둘러싸더니 스크루지 머리와 얼굴과 몸 여기저기를 손으로 쓰다듬었다. 마치 성능 좋은 스캐너로 스크루지 김의 생각을 읽으려는 듯이.

하여튼 그들과 이렇게 언어를 쓰지 않는 소통으로 그럭저럭 알게 된 사실은 이곳이 미래의 공간이라는 것, 스크루지 김이 그곳 노인들의 할아버지의 할아버지라는 것, 조상에게 뭔가 중요한 메시지를 전달할 것이 있어서 이렇게 스크루지 김을 데려오게 되었다는 것 등이었다.

'은백색우주복무늬만하드코어록밴드 노인이 내 손자의 손자라고? 말도 안 돼. 그런데 뭘 이야기해 주려는 거지? 미래 사회의 모습을 보여 주고 싶은 건가? 이미 방사능 때문에 모든 것이 뒤죽박죽되어 버린 건가? 은백색우주복무늬만하드코어록밴드 노인은 내게 무엇을 가르쳐 주려던 걸까? 좀 더 이야기해 봐요. 뭘 이야기하고 싶었던 거예요?'

　입 밖으로 소리가 나오진 않았지만 스크루지 김은 이렇게 생각을 했고, 그 생각은 분명 은백색우주복무늬만하드코어록밴드 노인들에게 전달이 된 듯했다. 그런데 그들이 이번에는 좀 더 가까이 다가오더니 스크루지 김의 몸을 꽉 붙들었다. 너무 세게 붙잡아서 아프기까지 했다. 어떤 노인은 스크루지 이마에 손을 댔는데 마치 커다란 망치로 머리를 세게 치는 것처럼 아팠다.

쾅. 이마가 너무 아팠다. 고개를 들어 보았다. 회사 휴게실이었다. 어리둥절해 고개를 돌리는데 이마가 여전히 아팠다. 아, 유리창에 이마를 박은 것 같다. 머쓱해서 허둥지둥 자리를 털고 일어서다 그만 다 식어 버린 커피를 엎질러 버리고 말았다. 와이셔츠에 커피 얼룩이 생겼다. 그런데 다른 얼룩이 또 있었다.

　"큭큭, 저 김 대리 엄청 졸더라. 창문이 박살 안 난 게 다행이지. 어쩜, 그렇게 이마를 박고도 멀쩡한가 봐."

　"어머 야, 그래도 김 대리 승진 대기 1순위야. 잘 보여야 돼. 승승가도를 달리는 경주마라고. 좋은 유전자를 가지고 있을 거 아냐. 혹시 또 알아?"

　"어머 애, 그게 무슨 말이니?"

　여직원들의 까르르거리는 소리를 뒤로하고 걸어가는 스크루지 김은 여전히 뭐가 뭔지 정신을 차릴 수 없었다.

　사무실에는 추울 정도로 에어컨이 쌩쌩 돌아가고, 다들 얇은 카디건을 하나씩 걸치고 있었다. 자리를 비운 책상 위에는 컴퓨터 모니터들이 환하게 빛을 내고 있었다. 자기 자리로 돌아가던 스크루지 김은 빠르게 걸음을 옮기다 말고 갑자기 코를 만졌다. 손에 빨간 피가 묻어난다. 뜨끈한 코피가 흐르고 있었다.

2012년 초, 어느 부산시 의원이 아는 이들하고 고리 원자력발전소(이하 원전) 1호기 근처 식당에 점심을 먹으러 갔어요. 그런데 우연히 옆에 앉아 점심을 먹고 있는 다른 일행들 이야기가 귀에 들어왔습니다.

"그 얘기 들었어?"

"뭐?"

작업복을 입은 덩치 큰 사람이 몸을 움츠리며 나지막이 말했어요.

"원전 전원이 끊어졌는데 비상 발전기도 안 돌아갔대. 이래도 괜찮은 걸까?"

밥을 한 숟가락 뜨던 동료가 놀라며 되물었어요.

"정말? 상부에 보고는 했겠지?"

덩치 큰 사람은 몸을 좀 더 움츠리더니 들릴 듯 말 듯한 소리로 속삭였어요.

"아니라던데. 위에서 알게 되면 시끄러울 게 뻔하니까. 주민들이 알아 봐, 가만있겠어?"

말소리는 점점 작아졌어요. 시의원은 옆자리 사람들을 몰래 찬찬히 살폈어요. 고리 원전에 일하러 오는 협력업체 사람들 같았지요. 의원은 한동안 정신이 멍했어요.

'고리 지역 주민들도 몰랐단 말인가? 고리 원전 시설에 문제가 생기면 주민들에게 문자 메시지로 알려 줘야 한다는 규정이 있는데, 전원 공급이 중단됐다는 중요한 내용을 알리지 않았다고?'

그 뒤 시의원이 고리 원전 본부 경영지원처장을 찾아가서, 감춰졌던 블랙아웃(대규모 정전) 사건이 드러나게 되었습니다. 한 달 전인 2월 9일 저녁, 고리 1호기의 발전기 제어 시스템을 점검하다가 외부 전원과 비상 발전기까지 모두 끊어져, 발전소 전체 전원이 12분 동안이나 들어오지 않았던 거예요. 이런 엄청난 비상사태가 일어났는데도 관련자들은 이 사실을 감추기 바빴던 거예요.

그냥 전기가 끊어졌을 뿐인데, 왜 이리 호들갑이냐고요? 원전에서 정전이 일어나면 과연 어떤 일이 일어날까요? 이를 이해하려면, 조금 어렵지만 원자력발전의 원리부터 알아야 합니다.

조그맣다고 무시하지 마!

여러분은 사람이 세포로 이루어져 있다는 것을 생물 시간에 배웠지요? 그런데 세포는 무엇으로 이루어져 있을까요? 사물을 쪼개고 쪼개면 맨 마지막에는 무엇이 나올까요? 과학계에서는 아주 오랫동안 '더 이상 쪼갤 수 없는 입자'를 개념 차원에서 원자(atom)라고 했습니다.

그런데 원자를 관찰할 수 있을 만큼 과학이 발달하면서, 원자는 양성자와 중성자로 이루어진 원자핵과 그 주위를 도는 전자로 되어 있다는 사실이 밝혀졌어요. 원자핵은 매우 작은 데다 엄청나게 딱딱해 결코 분해할 수 없다고 생각되었지요. 그런데 20세기에 들어오면서 원자핵을 쪼개거나 불안정하게 만들 수 있게 되었고, 우라늄(U-235)

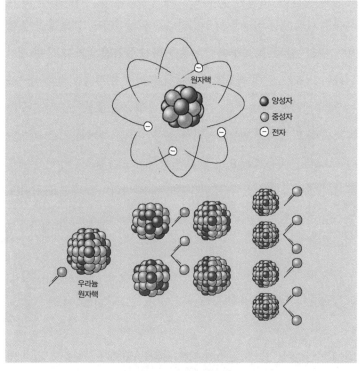

원자 구조(위)와 핵분열 원리(아래)

처럼 뚱뚱하고 무거운 원자핵이 중성자를 흡수하면 원자핵이 쪼개지면서 엄청난 에너지가 나온다는 사실을 알게 되었어요. 이것을 핵분열이라고 해요.

핵분열이 일어나면 본래의 원자핵은 작은 원자핵들과 거기서 튕겨 나온 중성자들로 나뉜답니다. 그 중성자가 다른 원자핵과 부딪치면서 또다시 핵분열이 일어나고, 또 나뉘고…… 이런 식으로 계속해서 핵분열이 이어지는 것을 핵분열 연쇄반응이라고 해요.

'질량 보존의 법칙'을 들어 보았나요? 화학 반응이 일어나기 전과 후에 물질의 모든 질량은 늘 일정하다는 원칙이에요. 쉽게 말해 배 한 개를 여러 조각으로 나누어도 이것을 다시 합치면 정확히 배 한 개가 된다는 거죠. 그런데 핵분열이 일어나면 질량 보존의 법칙과 어긋나는 일이 생겨요. 질량이 줄어든답니다. 우라늄이 핵분열을 하면 우라늄보다 작은 원자가 만들어지면서 질량이 조금 줄어들고, 그 차이만큼 에너지를 내뿜게 돼요. 불안정한 원자의 원자핵은 안정된 상태로 돌아가려는 성질이 있어, 붕괴하면서 많은 에너지를 내뿜게 됩니다. 이 에너지를 원자력 에너지 또는 원자력이라고 해요.

복잡한 원자력발전의 원리

전기를 만들어 내는 발전소의 기본 원리는 종류와 상관없이 거의 비슷해요. 어떤 힘으로 터빈을 회전시키면, 터빈에 연결된 발전기가 돌아가면서 전기를 만드는 것이지요. 화력발전은 화석연료를 태워서 보일러 물을 가열했을 때 생기는 증기의 힘을 이용하고, 수력발전은 물이 높은 곳에서 낮은 곳으로 떨어지면서 생기는 힘을 이용해요.

원자력발전은 앞에서 설명한 것처럼 우라늄을 핵분열시키면 막대한 에너지가 생기는데, 이때 나오는 열을 이용해 물을 증기로 바꿔서 전기를 만듭니다. 그럼 원자력발전소의 이모저모를 한번 살펴볼까요?

원자로는 핵분열 연쇄반응을 조절할 수 있는 장치입니다. 핵분열 연쇄반응이 천천히 일어나게 해 에너지를 필요한 만큼 안전하게 뽑아 쓸 수 있도록 중성자와 핵분열 속도를 조절하지요. 원자로의 한가운데에는 핵연료가 바둑판처럼 격자 모양으로 배열되어 있고, 그 사이나 주위에 속도를 조절하는 감속재가 있는 노심이 있습니다. 이 핵연료와 노심에서 연쇄반응이 일어나요.

원자로 안에는 중성자를 생기게 하는 장치가 있는데, 이 중성자를 우라늄에 쏘면 핵분열을 시작한답니다. 핵분열 과정에서 생기는 중성자는 초속 1km가 넘는 빠른 속도로 움직여요. 이 중성자가 다시 우라늄에 흡수되는 과정이 반복되어야만 연쇄작용이 계속 이어진답니다. 그런데 마치 '쌀 보리' 게임에서 "쌀!" 할 때처럼, 중성자가 너무 빨리 움직이면 잘 흡수가 되지 않아요. 감속재는 이렇게 빠른 중성자의 속도를 적당히 느리게 조절해 중성자가 우라늄에 잘 흡수되도록 합니다.

원자로에서 핵분열 속도는 활동하는 중성자의 양으로 조절해요.

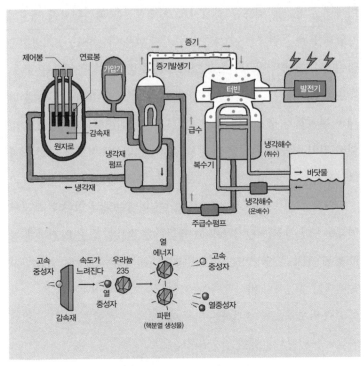

원자력발전의 원리와 감속재가 하는 일.
감속재를 지나간 고속 중성자는 속도가 느린 열중성자가 되어
핵분열이 더 잘 일어나게 한다.

제어봉은 중성자를 흡수하는 성질을 가진 탄화붕소나 하프늄을 강
철로 덮어 만드는데, 이 제어봉을 핵연료 깊이 넣으면 중성자를 많이
흡수해서 연쇄반응 속도가 늦어지고, 얕게 넣으면 반대로 연쇄반응
속도가 빨라지게 된답니다.

보통 냉각재는 물이나 중수를 쓰는데 핵분열로 너무 높아진 원자
로의 온도를 낮춰요. 이뿐만 아니라 냉각재는 핵연료에서 가져온 열

을 증기 발생기로 보내, 물을 가열해 터빈을 돌릴 증기를 만드는 일을
하기도 한답니다.

원전에서 정전이 일어나면 무슨 일이 벌어질까?

불안정한 원자의 원자핵은 안정된 상태로 돌아가려는 성질이 있는
데, 이 과정에서 많은 에너지를 내뿜게 됩니다. 이때 나오는 에너지를
방사선이라고 합니다. 방사선을 낼 수 있는 능력을 방사능이라고 하
고, 그런 능력이 있는 물질을 방사성 물질이라고 하지요.

　방사선은 크게 세 종류가 있어요. 작은 입자 덩어리인 알파선은 헬
륨의 원자핵으로, 양성자와 중성자 두 개로 구성되어 있으며 질량이
큰 편이에요. 그래서 물질을 통과하는 힘이 약해 종이 한 장으로도 막
을 수 있지요. 베타선은 질량이 작기 때문에 알파선보다 훨씬 투과력
이 큰데, 얇은 금속판으로 막을 수 있습니다. 마지막으로 감마선은 X
선이나 빛과 같은 전자기파인데, 방사선 중에 투과력이 가장 강해서
납이나 두꺼운 콘크리트로 막을 수 있지요. 다시 말해 방사선의 세기
가 가장 크답니다. 그렇기 때문에 원자력발전소는 제트기와 부딪혀
도 끄떡없을 정도로 방호벽을 다섯 겹으로 둘러 단단하게 지어요.

　원자로는 냉각재와 감속재로 경수를 쓰는 경수로와, 중수를 쓰는
중수로로 나뉘어요. 경수는 수소와 산소로 이루어진, 우리가 쓰는 일
반적인 물(H_2O)을 말해요. 중수(D_2O)는 수소 대신 중성자를 하나 더

가진 중수소와 산소로 이루어진 것이지요. 중수는 중성자를 흡수하는 성질을 지니고 있답니다. 우리나라는 고리, 영광, 울진 원전은 경수로고, 월성 원전만 중수로예요.

가압경수로는 경수에 압력을 가해 끓지 않게 하는 원자로인데, 증기 발생기가 따로 분리되어 있어 사고로 냉각기가 멈춰도 핵연료를 냉각시킬 수 있어요. 하지만 배관 파이프가 많고 복잡하며, 원자로 안의 물이 고압이라 위험할 수 있지요. 우리나라 원전이 여기에 속해요. 비등경수로는 원자로 안에서 증기를 만들어 터빈을 돌리는 원자로입니다. 비등경수로는 가압 장치가 간단하지만 방사능 물질이 밖으로 샐 위험이 있지요. 후쿠시마 원전이 바로 비등경수로입니다.

자, 이제 다시 앞에서 이야기했던 고리 원전 블랙아웃 사건으로 돌아가 볼까요? 원자력발전소가 정전이 되고 자체 발전기마저 움직이지 않는다면, 냉각수로 원자로를 식힐 수 없게 됩니다. 원자로가 1090~2760℃까지 고열을 내면 핵연료가 녹아 밑으로 떨어져 내리기 시작합니다. 그러면 두꺼운 콘크리트 바닥도 녹고, 핵연료가 땅 밑으로 쏟아져 내리게 돼요. 이런 사고를 멜트다운(meltdown)이라고 합니다. 녹아서 원전 땅 밑으로 흘러든 우라늄이 한데 모이면 다시 핵분열을 할 수도 있어요.

2012년에 고리 원전 1호기 전원이 꺼졌던 것은 아주 아찔한 사건이었어요. 다행히 정비하고 있던 다른 외부 전원을 서둘러 복구해 전력을 다시 공급해서 큰 재앙을 막을 수 있었지요. 만약 서둘러 복구할 수 없었다면 어떤 일이 벌어졌을까요?

일본에서 일어난 최악의 원전 폭발 사고

2011년 3월 11일 오후 2시 45분, 일본 도쿄에서 북동쪽으로 370km 떨어진 도호쿠 지방의 태평양 앞바다에서 규모 9.0의 대지진이 일어났고, 지진으로 생긴 쓰나미가 도호쿠 지방을 강타했어요. 이 때문에 후쿠시마 제1원전과 제2원전, 오나가와 원전, 도카이 원전까지 원전 네 기가 영향을 받았습니다.

폭발로 폐허가 되어 버린 후쿠시마 제1원전을 조사하는
국제원자력기구 전문가들 ©IAEA

특히 후쿠시마 제1원전에서 큰 피해가 생겼어요. 지진이 일어난 지 52분쯤 뒤에 쓰나미까지 덮쳐 원전 건물이 모두 침수되고, 비상용 발전기가 있는 건물마저 침수되면서 전원이 끊겼는데, 비상용 발전기까지 작동하지 않았어요. 결국 냉각장치가 작동하지 않아서 원자로 노심을 식혀 주는 냉각수가 흘러 들어오지 못하게 되었어요. 원자로 안에 있던 냉각수가 증발하면서 핵 연료봉이 노출되기 시작했고, 고열 때문에 핵 연료봉이 녹기 시작했습니다. 게다가 우라늄 연료봉을 싸고 있던 지르코늄이라는 물질이 뜨거운 물과 반응해, 물이 분해되면서 수소가 생겼어요. 원자로 안에 압력이 높아지면서 증기가 밖으로 뿜어져 나갔고, 함께 나온 수소가 공기 중의 산소와 만나면서 폭발을 해 버렸어요. 수소 폭발이 일어난 것이지요. 3월 12일에 1호기, 3월 14일에 3호기, 3월 15일에는 2호기와 4호기에서 잇따라 수소 폭발이 일어나 원자로 건물이 붕괴되어 엄청난 양의 방사선이 새고 말았답니다. 사고가 일어난 뒤 일본의 다른 쓰나미 피해 지역은 복구를 하고 있지만 후쿠시마 현은 방사성 물질에 오염된 폐기물조차 제대로 치우지 못하고 있어요.

2013년 7월 24일, 일본 도쿄전력은 "지난주부터 뿜어져 나오기 시작한 후쿠시마 원전 3호기의 수증기에서 방사능이 확인됐다"고 밝혔습니다. 방사선이 인체에 미치는 영향은 주로 mSv(밀리시버트)라는 단위로 나타내는데, 자연적으로 받는 방사선을 제외하고 1mSv는 어른에게 1년 동안 허용된 인공방사능 한계치예요. 우리가 평소 받게 되는 자연 방사선 양은 연간 평균 2.4mSv 정도랍니다. 그런데 3호기에서 나온 수증기에서 시간당 2170mSv 방사능이 나왔다는 거예요. 이는 2011년 후쿠시마 원전이 붕괴되고 2개월 뒤에 측정한 방사능과 비슷한 수준입니다. 이 정도의 방사능은 보호 작업복을 입은 사람도 8분 넘게 일하기 어려울 정도의 수치예요.

후쿠시마 원전 사고를 자연재해로만 봐야 할까요? 사실 후쿠시마 원전 1호기는 설계 수명이 다한 지 10년이 넘은 건물이었습니다. 1호기는 도쿄전력이 1960년부터 만들기 시작해 1971년에 가동했어요. 그 뒤 2001년에 설계 수명이 다해 2002년 격납 용기 누출 시험에서 부정적 보고가 나와, 1년 동안 운전 중지 처분을 받기도 했지요. 그런데도 30년 더 가동할 수 있다는 수명 판정을 받아 계속 가동했어요. 결국 2011년에 규모 9.0의 역대 최대 강진을 만나 역대 최악의 원자력 사고가 일어나게 된 것입니다.

오래된 원전, 계속 가동해도 될까?

부산 기장군에 있는 고리 원전 1호기는 대한민국에서 가장 오래된 상업용 원자로인데, 1978년에 처음 가동했어요. 고리 지역은 원자로를 만들기에 좋은 암반이 있고, 냉각수를 쉽게 구할 수 있고, 기상 조건과 상수원도 좋아 원전을 세우기에 조건이 좋은 땅으로 뽑혔지요. 2007년에 30년인 설계 수명이 다해 멈췄는데, 이듬해 한국수력원자력(이하 한수원)은 "고리 원전 1호기는 안전에 문제없다"는 정부의 승

가동한 지 30년이 넘어 수명 연장 논쟁을 일으키고 있는 고리 원전(왼쪽)과 월성 원전(오른쪽) ⓒIAEA

인을 받아 수명을 10년 더 연장하기로 했어요. 그렇지만 국제원자력 기구(IAEA)의 연구를 보면, "20년이 지난 원자력 발전 시설들은 안전 성은 물론이고 경제성과 효율성도 떨어질 수 있다"고 합니다. 가동을 시작한 지 오래된 우리나라 원전의 사용 기간을 살펴보면(2014년 3월 기준) 고리 1호기 37년, 고리 2호기 32년, 고리 3호기 30년, 고리 4호 기 29년, 월성 1호기 32년, 한빛 1호기 29년, 한빛 2호기 28년이에요. 고리 1호기는 블랙아웃 사건이 있기 전인 2011년 4월 12일에도 고장 이 나서 전기 생산이 자동으로 멈춘 적 있고, 2013년 11월 28일에는 부품 고장으로 자동 정지되었다 12월 5일에 다시 가동했어요. 계속 문제가 생긴 거죠.

후쿠시마 원전 사고가 난 뒤 환경 단체를 중심으로 고리 1호기를 멈춰야 한다는 시민운동이 활발하게 일어났어요. 결국 2015년 6월, 고리 1호기를 더 이상 가동하지 않겠다는 결정을 내렸습니다. 2017년부터 해체하기 시작한대요. 하지만 월성 1호기는 수명을 10년 연장해, 2022년까지 더 가동하기로 했어요. 가동을 중지하기로 한 고리 1호기를 제외하고 2029년까지 수명이 끝나는 노후 원전은 모두 열한 기예요. 이 원전들의 수명을 연장해 계속 가동할 것인지, 아니면 멈출지 결정할 때가 곧 다가온다는 이야기지요. 그러니까 오래된 원전을 계속 가동할 것이냐, 폐쇄할 것이냐 하는 논쟁은 여전히 현재 진행형입니다. 그럼 서로 다른 주장을 한번 들어 볼까요?

찬성 안전하니까 계속 써야지요!

우리나라는 원전을 처음 만들 때 미국에서 건설 기술을 수입해 왔어요. 시행착오도 많이 겪었지요. 하지만 그동안 들여온 선진 기술을 더욱 발전시켜서 지금은 외국에 나가 원전을 건설해 주는 수준까지 올라섰습니다. 2009년에 중동에 있는 아랍에미리트에 원전을 수출하게 되었는데, 이는 미국, 프랑스, 캐나다, 러시아, 일본에 이어 여섯 번째로 원전 수출국이 된 거예요. 경제성이나 안전성 모두 우리가 세계 최고의 기술력을 자랑하고 있는데, 일어나지도 않은 사고에 대해 막연하게 두려워하는 것은 지나친 걱정입니다.

전 세계에서 가동하고 있는 원전 435기 중에 절반쯤 되는 204기가 수명이 30년 넘은 것입니다. 미국 같은 경우 20년 더 수명 연장 허가를 받은 원전이 스무 기가 넘어요. 가까운 일본은 원전 가동 기간을 기본 40년으로 하고, 원전 사업자가 원하는 경우 1회에 한해 20년 더 연장하기로 했어요. 일본 원자력안전보안원은 가동한 지 30년이 된 원전은 안전성을 확인한 뒤 10년 단위로 계속 가동할지, 멈출지를 결정하고 있지요. 이처럼 다른 나라 사례들을 살펴보아도 우리나라 원전의 수명을 연장하는 것은 아무런 문제가 안 됩니다.

찬성 싸고 친환경적이니까!

지난 25년 동안 소비자물가가 200% 넘게 올랐는데, 전기 요금은 약 10%밖에 안 올라서 국민 생활 안정에 많이 기여해 왔습니다. 이처럼 전기를 안정적이고 싸게 공급할 수 있었던 것은 전체 전력 생산의 약 40%를 원자력이 담당하고 있었기에 가능했습니다. 원전이 노화됐다고 모두 폐쇄한다면 우리나라의 전력 생산에 큰 문제가 생길 게 뻔하지요.

게다가 원자력발전은 다른 발전소보다 훨씬 친환경적이에요. 발전소마다 쓰는 연료에 따라 이산화탄소 배출량이 다른데, 석탄 991, 석유 782, LNG 549, 태양광 57, 풍력 14, 원자력 10g/kWh입니다. 원자력발전의 이산화탄소 배출량은 풍력이나 태양광 같은 새로운 재생에너지보다도 낮아요. 원자력발전이 환경오염과 지구온난화를 막는 데 가장 알맞은 이유가 여기에 있습니다. 21세기 들어 화석연료를 대체할 가장 경제적이고 친환경적인 에너지로 주목받고 있으며, 전 세계적으로 여러 나라들이 원자력발전소를 만들려고 합니다.

그리고 원전 하나를 철거하는 데 1조 원쯤 들어요. 이는 새로 만들 때 2조 5000억 원쯤 드는데, 그 절반이나 돼요. 안전성만 철저히 확인하면, 원전 수명을 연장해 가동하는 게 가장 경제적입니다.

2007년에 한수원이 고리 1호기의 수명을 연장하기 위해서, 수명을 연장한 뒤에도 안전하게 가동하고 있는 선진국 선례를 보여 준다며 지역 주민들을 데리고 찾아간 곳이 바로 일본의 후쿠시마였어요. 그 때 후쿠시마 핵 발전소 소장은 고리 주민들을 만난 자리에서, 자기 아들도 이 발전소에서 일한다고 자랑스럽게 말했지요.

고리 1호기는 가동을 시작한 뒤 130번이나 사고나 고장이 났고, 수명을 연장한 뒤에는 다섯 번(2013년 12월 기준)이나 났습니다. 오래된 원전이 위험하다고 이야기할 때 특히 중요하게 지적하는 게 지진에 약하다는 것입니다. 고리 원전을 짓던 1970년대는 원전 부근에서 지진 단층이 발견되기 전이어서 설계할 때 지진 문제를 심각하게 고려하지 않았어요. 게다가 우리나라 원전은 대부분 가압경수로 방식인데, 가압경수로는 배관 파이프가 많고 원자로와 증기 발생기를 잇는 이음새 부분이 많아 사고가 나면 피해가 더 클 수 있답니다.

전 세계 원자력발전소 가운데 가동을 영원히 멈추기로 한 원전은 149기(2014년 8월 한수원 자료)인데 19기는 이미 해체가 끝났어요. 특히 후쿠시마 사고 뒤 가동을 영원히 중지한 원전은 22건이나 됩니다. 반면 우리나라 원자력발전소는 만들고 있는 것까지 합쳐서 28기나 돼요.

고리 원전에서 사고가 나면 후쿠시마보다 더 큰 참사가 일어날 가능성이 큽니다. 고리 원전의 반경 30km 안에 사는 사람이 부산 시민을 포함해 무려 340만 명이나 되거든요. 고리 원전 주변의 인구 밀집도는 파키스탄과 타이완에 이어 세계 3위입니다. 또한 열 곳이 넘는 원전이 한 지역에 밀집해 있고, 규모가 큰 원전 폐기물 저장소인 월성 원자력환경관리센터도 가까이 있어요. 세계에서 가장 원자력발전소 밀집도가 높지요. 어느 한 곳에서라도 사고가 일어나면 상상할 수 없을 정도로 엄청난 일이 생길 거예요.

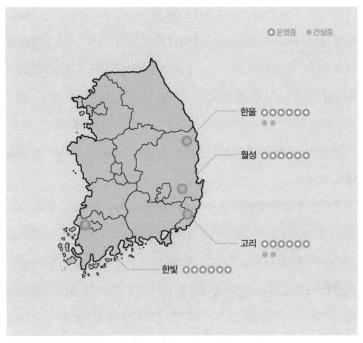

우리나라 원자력발전소 현황(2016년 4월 기준)

반대 뭐가 싸단 말이죠?

고리 1호기가 문을 닫으면 과연 전기가 부족할까요? 아닙니다. 고리 1호기가 우리나라 전체 전기 생산량에서 차지하는 비율은 겨우 1%밖에 되지 않아요. 국제원자력기구에 따르면, 2012년 우리나라의 전력 생산량은 47만 2650GW/h인데, 2010년 고리 1호기의 전력 생산량은 4903GW/h이었거든요.

게다가 정부가 2015년 7월에 발표한 제7차 전력수급기본계획을 보면, 2029년까지 원전 13기, 화력발전소 20기 등 47기의 발전소를 새로 지을 예정이랍니다. 그렇게 되면 2020년 이후에는 최대 전력 수요량 대비 120%를 훨씬 넘는 전력을 생산할 수 있다고 해요. 전력 사용량이 아주 높은 때는 한여름과 한겨울이고 다른 때에는 전력 수요가 적기 때문에, 전력을 생산하는 설비는 과잉 상태가 되는 것이에요.

그리고 오래된 설비의 수명을 연장하면 단순히 해 오던 대로 가동하는 게 아니에요. 부품들이 쓸 수 없는 상태가 되기 때문에 교체하고 고쳐 줘야 한답니다. 월성 1호기도 5600억 원을 들여서 고친 뒤 연장 운행을 하고 있지요. 그런데 미국 키와니 원전 1호기는 20년 더 연장할 수 있다는 가동 허가를 받았는데도, 경제성이 떨어진다며 사업자가 스스로 폐기하겠다고 결정했답니다. 캐나다의 젠틸리 2호기도 월성 1호기와 같은 방식이고 가동을 시작한 해가 같은데, 고치는 비용이 너무 든다는 이유로 폐기하기로 결정했지요. 이처럼 수명이 다한 원전을 계속 가동하는 것은 효율도 떨어지는 데다, 비용도 결코 적게 들지 않아요.

* * *

노화된 원전은 가동을 멈추는 것만으로 문제가 끝나는 게 아니에요. 원전을 폐쇄하기 위해 원자로를 완전히 냉각하는 데에만 4~5년이 걸리고 핵 연료봉을 제거한 뒤 격납 용기를 분해하기까지는 최소 15년이 걸려요. 일본 도카이 원전은 지난 1998년 가동이 끝났지만 오는 2021년에야 완전히 폐쇄될 예정이랍니다. 이제는 노후 원전을 안전하게 폐쇄하고 해체하는 것과 그와 관련된 기술을 개발하는 데 노력을 기울여야 할 때입니다.

청년 스크루지는 악몽을 꾸었습니다. 원전 사고가 일어난 후쿠시마도 가 봤고, 풍부한 전기에 의존해 화려하고 안락한 생활을 하고 있는 지금 우리 모습도 보았습니다. 우리는 어떤 결정을 내려야 할까요? 아직은 쓸 만하니 오래된 원전을 다시 가동하는 데 찬성해야 할까요? 아니면 조금이라도 위험할 경우 아예 가동을 멈춰야 할까요? 물론 오래된 원전을 멈추려면 전기를 쓰고 있는 우리 습관부터 바꿔야겠지요. 에너지를 과소비하지 않고 꼭 필요한 만큼 착한 소비를 해야 할 때입니다. 자, 꿈에서 깨어난 스크루지는 앞으로 어떻게 살아갈까요?

9

광우병 문제

머리에
구멍이 뚫린 소

MBC 〈PD 수첩〉, 무엇이 진실일까?

2008년 4월 29일, MBC 〈PD 수첩〉은 '긴급 취재! 미국산 쇠고기, 과연 광우병에서 안전한가' 하는 제목으로 미국 쇠고기 수입 협상의 문제점과 광우병의 위험성에 대해 보도했습니다. 이를 계기로 정부의 미국산 쇠고기 수입 협상에 반대하는 촛불 시위가 시작되었지요. 촛불 시위에는 청소년들은 물론 유모차 부대, 하이힐 부대 같은 다양한 층이 참여해 전국으로 확산되면서 두 달 동안 계속되었답니다. 한편 정부와 보수 단체는 〈PD 수첩〉 제작진을 허위 보도와 농림수산식품부 장관의 명예를 훼손한 혐의, 미국산 쇠고기 수입 업자들의 업무를 방해한 혐의 따위로 기소했어요. 제작진이 무엇을 잘못했길래 이렇게 많은 혐의로 기소당했을까요? 재판정으로 가 보도록 하죠.

학대당하는 소를 광우병 소로 둔갑시키다니!
vs 광우병에 걸려 주저앉는 소를 이렇게 도축한다면?

검사 존경하는 재판장님, 피고 MBC 〈PD 수첩〉 제작진은 휴메인 소사이어티의 동영상을 방송에서 보여 줬는데, 그 동영상은 미국의 한 도축장에서 인부들이 주저앉은 소에게 전기 충격기와 물대포로 충격을 주면서 억지로 일으켜 세우려는 모습이었습니다. 그리고 그 다우너 소(제힘으로 설 수 없는 병든 소)를 "광우병에 걸린 소"라고 보도했습니다. 실제로 어떤 병에 걸렸는지 알 수 없는 다우너 소를 광우병 소라고 보도한 것은 명백히 허위 보도입니다.

변호사 이의 있습니다. 동영상에 나오는 다우너 소를 광우병 소라고 한 것은 제작진이 실수한 것으로, 다음 방송에서 정정했습니다.

검사 정정한다고 이미 시청자들한테 각인된 사실이 지워집니까? 동물 학대를 고발하는 동영상을 이용해 국민들한테 광우병 소가 수입될지 모른다는 공포심을 갖게 했으므로 제작진은 이에 대해 책임져야 합니다.

변호사 말씀드렸듯이 방송에서 실수한 것은 사실입니다. 그런데 이 동영상이 공개된 뒤 미국에서 어떤 일이 일어났을까요? 영상에 나오는 도축장을 운영하는 웨스트랜드-홀마크 회사가 전국적으로 쇠고기 리콜 조치를 실행했습니다. 2년 전 것까지 어마어마한 양을 거둬들이는 리콜 조치였지요. 단지 동물 학대를 고발하는 이 동영상 때문에 말입니다. 미국의 주요 언론들은 사상 최대 규모로 쇠고기를 거둬들이는 사태를 보도하면서, 동영상에 나오는 다우너 소를 광우병의 위험성과 연관 지어서 자세히 보도했습니다.

검사 변호사는 지금 문제의 핵심을 비껴가기 위해 미국의 사례를 들면서 본질을 흐리고 있습니다. 다시 문제의 동영상으로 돌아가서 이야기하겠습니다. 소가 주저앉는 이유가 주로 광우병 때문일까요? 미국에서 십수년 동안 주저앉는 소 97만여 마리를 광우병 검사했는데, 동물성 사료를 금지한 1997년 이후에 출생한 소는 단 한 마리도 광우병에 걸리지 않았습니다. 이런 상황에서 단지 주저앉았다는 이유로 다우너 소를 광우병에 걸린 소라고 표현한 것은 사소한 실수를 넘어서서 매우 무책임하고 의도적인 허위 보도입니다.

변호사 존경하는 재판장님. 지금까지 미국에서 발견된 광우병 소 세 마리는 모두 다우너 소였습니다. 2003년 12월에 첫 번째로 발견한 광우병 소는 출산 때 입은 부상 때문에 주저앉은 것으로 진단했는데, 도축한 뒤에 뇌 조직을 검사해 보니 광우병에 걸린 것으로 판명되었죠. 2006년 2월에 세 번째로 발견된 광우병 소도 처음에는 저칼슘, 저마그네슘 증상으로 주저앉은 것으로 진단받았지만, 뇌 조직 검사 결과 광우병으로 판명되었습니다. 미국은 도축하기 위해 검사받을 때 첫 단계만 통과하면 주저앉아도 도축할 수 있습니다. 그래서 인부들은 다우너 소들이 첫 번째 검사에서 통과하게 만들려고 온갖 잔인한 방법으로 자극을 줘서 소를 일으키는 거예요. 다우너 소를 도축할 수 없는 규정은 인간광우병을 막기 위한 가장 기본적인 대책인데, 이것이 미국에서 지켜지지 않는다면 미국산 수입 쇠고기를 먹게 될 우리 국민은 과연 인간광우병의 위험에서 안전할 수 있을까요? 제작진은 이런 관점에서 미국의 다우너 소 도축 문제를 이야기하려고 했습니다.

아레사 빈슨이 인간광우병 환자라고?
vs 인간광우병 의심 환자가 죽었는데 협상을 강행하다니!

검사 존경하는 재판장님, 피고 〈PD 수첩〉의 왜곡 보도는 아레사 빈슨 사망 보도에서도 이어집니다. 빈슨은 위 우회수술 때문에 비타민 B1이 모자라게 되고 그것으로 뇌에 이상이 생겨 사망했는데, 마치 인간광우병으로 사망한 것처럼 허위, 날조 보도를 한 것입니다. 그리고 아레사 어머니인 로빈 빈슨과 인터뷰한 내용에서 크로이츠펠트-야코프병(CJD)을 인간광우병(변종 CJD)으로 왜곡해서 번역했고, 곳곳에서 의도적으로 오역을 했습니다. 또 방송 마지막에 "만약 인간광우병으로 최종 진단이 내려진다면 그녀는 미국에서 감염된 첫 사례가 될 것이다"고 해설해서 시청자들이 아레사의 사망 원인을 인간광우병이라고 생각하도록 유도했습니다.

변호사 허위 날조라니요. 변종 CJD는 CJD에 포함되는 개념으로, 검사가 말한 것과 달리 별개의 병명이 아닙니다. 또한 미국 질병통제센터 자료를 보면, 어머니 로빈 빈슨이 인터뷰하다가 말한 'a variant of CJD'는 인간광우병인 '변종 CJD(vCJD)'을 뜻하는 것이 맞습니다.

검사 미국 질병통제센터는 아레사 빈슨의 사망 원인이 인간광우병이 아니라고 최종 발표했습니다. 이래도 허위 보도가 아닙니까?

변호사 아레사 빈슨이 급성 베르니케 뇌병변으로 사망했다고 최종 발표한 날은 2008년 6월 12일로 〈PD 수첩〉이 방영되고 난 뒤입니다. 인터뷰를 한 4월 19일, 아레사의 어머니 로빈 빈슨은 딸이 앓던 병의 진행 경과를 상세히 설명하면서, 그 원인을 알 수 없어 담당 의사가 권유해 MRI를 촬영했고, 검사 결과 '광우병과 흡사한 병'이라는 설명을 들었다고 밝혔습니다. 아레사 빈슨이 인간광우병이 의심되는 진단을 받은 채 사망했고, 방송 당일인 2008년 4월 29일까지 사망 원인이 정확하게 밝혀지지 않았기 때문에, 방송 뒤에 실제 사인이 급성 베르니케 뇌병변으로 밝혀졌다고 해서 그 보도 내용을 허위라고 볼 수는 없습니다.

검사 변호인, 그렇다면 아레사 사망 보도 가운데 여러 군데서 번역이 잘못된 게 있는데, 이것은 어떻게 설명할 셈인가요? 조사 한두 개 혹은 말의 순서를 조금만 바꾸어도 뜻이 크게 달라질 수 있다는 걸 제작진이 모르지 않았을 텐데요. 예를 들어 보지요. 로빈 빈슨의 인터뷰 내용 중 "this disease (that) my daughter could possibly"는 "우리 딸이 걸렸을지도 모르는"이 바른 번역인데 "우리 딸이 걸렸던 병"으로 번역했고, "If she contracted it, how did she" 부분에서는 "만약 아레사가 인간광우병에 걸렸다면, 어떻게 걸렸는지 모르겠어요"가 바른 번역인데 '만약'을 빼고 "아레사가 어떻게 인간광우병에 걸렸는지 모르겠어요" 하고 번역했습니다. 또 "Doctors suspect Aretha has variant Creutzfeldt-Jakob disease, or vCJD"는 "의사들은 아레사가 변종 크로이츠펠트-야코프병에 걸렸는지 의심합니다"가 바른 번역인데 "의사들에 따르면 아레사가 변종 크로이츠펠트-야코프병에 걸렸다고 합니다"로 번역했습니다. 이처럼 제작진은 여러 곳에서 오역을 반복하면서 허위 보도를 했습니다.

변호사 검사가 지적하셨듯이 몇 군데에서 번역 오류가 있었고, 감수 과정에서도 제대로 고치지 못해 보도의 정확성이 떨어진 것은 매우 안타까운 일입니다. 그렇지만 아레사 빈슨 보도의 마지막 부분에서 "보건 당국은 아레사가 인간광우병에 걸렸는지 조사하고 있다고 밝혔다. 만약 인간광우병으로 최종 진단이 내려진다면 그녀는 미국에서 감염된 첫 사례가 될 것이다"고 했던 것을 보면 알 수 있듯이, 정상적인 판단 능력을 가진 시청자가 아레사 빈슨 보도를 처음부터 끝까지 주의 깊게 봤다면 "아레사 빈슨이 MRI 검사 결과 인간광우병이 의심되는 진단을 받고 사망했으며, 현재는 미국 보건 당국에서 부검을 해서 정확한 사인을 조사하고 있다"는 사실을 어렵지 않게 이해했을 것입니다.

검사 수많은 오역을 해 놓고서 "시청자들이 끝까지 주의 깊게 봤다면 오해하지 않을 것"이라는 것은 무슨 말입니까. 또 방송하는 날까지 사인이 정확하게 밝혀지지 않은 아레사 빈슨의 보도를 무리하게 내보내, 결과적으로 시청자들이 아레사의 사망 원인을 인간광우병으로 오해하도록 한 것은 제작진의 고의적인 허위 보도가 아닙니까?

변호사 2008년 4월 16일, 인간광우병이 의심되던 환자인 아레사 빈슨의 장례식이 있었습니다. 이틀 뒤인 4월 18일, 한미 사이에 미국 쇠고기 수입 협상이 타결되었고, 그다음 날인 4월 19일에는 한미 정상회담이 미국 캠프데이비드에서 열렸습니다. 인간광우병이 의심되는 환자의 사망 원인이 정확히 밝혀지지도 않았는데, 한미 정상회담 전에 쇠고기 수입 협상을 타결하려고 서둘러 진행한 것이 아닌지 걱정스러운 상황이었습니다. 그래서 제작진은 쇠고기 수입 협상 이후 절차가 진행되기 전에 서둘러 문제 제기를 해 사회적으로 다 함께 깊이 생각해야 한다고 판단해서, 아레사 빈슨의 사망 원인이 밝혀지지 않은 채 방영을 하게 된 것입니다. 허위 보도하려는 의도는 전혀 없었습니다.

한국인의 발병 확률 과장 보도
vs 광우병에 대한 한국인의 유전적 취약함

검사 〈PD 수첩〉은 "한국인이 광우병 쇠고기를 먹을 경우 인간광우병이 발병할 확률이 94%쯤 되며, 이는 영국인보다 세 배, 미국인보다 두 배나 높은 수치"라고 과장해서 허위 보도를 했습니다. 보통 사람의 경우 프라이온 유전자 129번에서 유전자 다형성(M/M형, M/V형, V/V형)이 나타나는데, 지금까지 생긴 인간광우병 환자는 모두 M/M형이었고 한국인 가운데 약 94%가 M/M형입니다. 그렇다고 해서 한국인이 광우병에 걸릴 확률이 94%인 것은 아닙니다. 인간광우병에 걸릴 때는 프라이온 단백질 유전자뿐 아니라 다양한 유전자와 여러 가지 요인이 복합적으로 작용하기 때문입니다. 그런데도 피고인들은 유전자형의 비율인 94%를 인간광우병에 걸릴 가능성으로 과장 보도해서, 인간광우병에 걸릴지 모른다는 공포심을 일으키고, 미국산 쇠고기 수입을 반대하는 극단적인 여론을 만들었습니다. 심층 보도가 이렇게 사실을 왜곡해도 됩니까?

변호사 〈PD 수첩〉에서 유전자형 비율을 발병 확률과 동일하게 말한 것은 실수입니다. 〈PD 수첩〉 제작진은 곧바로 다음 방송에서 이 부분의 오류를 정정했습니다. 이것은 시민들이 유전학을 이해하는 능력까지 고려한 의도적 왜곡이 아니라, 시간에 쫓기는 제작 과정에서 미처 걸러 내지 못한 실수일 뿐입니다. 그런데 한국인 중에 M/M형이 많아서 그만큼 광우병에 걸릴 확률이 높다는 것은 명백한 사실입니다. 게다가 우리 국민들은 살코기 말고도 다양한 부위를 먹기 때문에 광우병의 원인 물질인 변형 프라이온을 먹을 가능성이 많습니다. 제작진은 각별히 주의해야 한다고 이야기하고 싶었습니다.

정부 당국자에 대한 명예훼손
vs 정책 비판이 명예훼손이라니!

검사 〈PD 수첩〉은 여러 번이나 되풀이해 정부 당국자가 제대로 미국 도축 시스템을 알아보지 않고, 광우병의 위험성을 은폐하고 축소하려고 했다며 허위 사실을 방영했습니다. 이런 허위 보도로 협상단을 이끌며 온갖 노력을 하고 있는 농업 통상 정책관과 농림수산식품부 장관의 명예를 훼손했습니다.

변호사 국민의 건강을 위협할 수 있는 상당히 위험한 상황에서 정부 관계자들이 업무를 제대로 하고 있는지 의구심을 표현하는 것이 어떻게 명예훼손입니까?

검사 의구심을 표현한 것이 아니라 협상단이 마치 해야 할 일을 하지 않은 것
처럼 방송하지 않았습니까?

변호사 현재 미국에서 하고 있는 광우병 정책이 광우병의 위험을 완벽하게
통제할 수 없다는 국내외 전문가들의 평가가 있습니다. 제작진은 이런
상황에서도 미국산 쇠고기를 수입하기로 단시일에 협상을 끝낸 정부가
미국산 쇠고기의 안전성과 미국의 소 도축 시스템 실태를 파악하는 데
소홀했다고 평가했고, 방송에서 "우리 정부가 그 실태를 제대로 확인했
는지,.보려는 노력은 했는지 의문"이라고 표현한 것입니다. 다시 말해,
우리 정부가 미국 도축 시스템을 실제로 본 적이 없거나 보려고 노력하
지 않았다고 주장한 것이 아니라, 그만큼 실태를 파악하는 데 소홀한 것
이 아닌지 문제 제기를 한 것입니다. 그런데도 표현을 문제 삼아, 정부
가 도축장을 직접 보았기 때문에 이 보도가 허위라고 주장하는 것은 말
이 안 되는 주장입니다.

검사 실태를 봤는데도 보았는지 의문이라고 하면 그게 명예훼손 아닙니까.
우리 정부는 미국의 소 도축 시스템 실태 전체를 파악하고 점검하는 데
노력을 기울였습니다. 그러니까 변호인의 말처럼 정부가 실태 파악에
소홀했다는 것을 비유적으로 표현했다 할지라도, 정부가 실태 파악을
위한 노력을 게을리 했다고 비난한 것은 명백한 허위 보도이며 관련 공
직자들에 대한 명예훼손입니다.

변호사 언론의 자유를 법으로 보장하는 대한민국에서 〈PD 수첩〉이 '쇠고기
수입 협상' 정책을 비판해 재판을 받게 된 것은 매우 안타까운 일입니
다. 정부 정책을 감시하고 비판하는 기능이 언론의 사명감 가운데 하나

라고 생각합니다. 정부 정책이 국민의 생명과 건강에 위험을 줄 수 있다고 의심할 만한 합리적인 이유가 있는 경우에는, 확실한 근거를 바탕으로 언론 보도를 통해 문제를 제기하고 바로잡을 것을 요구할 수 있습니다. 이런 감시와 비판이 자유롭게 보장되어야 합니다. 정부에 대한 언론의 비판을 공직자에 대한 명예훼손으로 고발하는 일은 세계적으로 유례가 없는 일이며, 언론의 자유를 폭넓게 인정해 온 우리 헌법 정신에 비추어 볼 때도 매우 부적절한 일입니다.

2008년 4월 29일, 〈PD 수첩〉 제작진을 상대로 벌어진 민·형사 소송 일곱 건에서 제작진은 모두 무죄 판결을 받았답니다. 재판부는 보도 내용 가운데 세 부분(다우너 소 동영상, 아레사 빈슨의 사인, 광우병 감염에 대한 한국인의 유전적 취약성 내용)을 '허위'로 규정하고 정정 보도가 필요하다고 판결했으나, 명예훼손, 업무방해, 손해배상 청구 같은 소송에서는 모두 무죄로 판결했습니다.

— 재판 판결문과 당시 기사를 바탕으로 각색

20세기, 사람과 여러 동물한테서 과거에는 볼 수 없었던 이상한 병증이 나타났습니다. 몸을 제대로 가누지 못하고 경련을 일으키며 이상한 행동을 하는데, 사람과 동물이 비슷한 증상을 보이는 거예요. 이들에게 무슨 일이 일어난 걸까요?

스펀지처럼 변한 뇌

먼저 인간에게 나타난 쿠루(kuru)병부터 살펴보겠습니다. 이 병은 1950년대, 파푸아뉴기니의 동부 고원지대에 있던 포어족 마을에서 여자들과 아이들이 이상한 증상으로 죽기 시작하면서 세상에 알려졌습니다. 이 병에 걸린 사람들은 몸을 심하게 떨고 제대로 걷지 못하며 말도 잘 못 하게 되었어요. 얼굴 근육조차 마음대로 움직일 수 없어, 마치 웃는 것 같은 얼굴로 혼수상태에 빠져 죽어 갔습니다. '쿠루'란 포어족 언어로 '떨다'는 뜻이에요.

소한테서 나타난 병은 '광우병'이라고도 하는 소해면상뇌증(BSE) 입니다. 1985년 무렵부터 영국의 농장에서 소들이 난폭해지고 신경 질적인 반응을 보이며 제대로 걷지 못하고 주저앉는 일이 생겼어요. 이런 증상이 나타나면 6개월 안에 죽었지요. 농장 주인들은 이렇게 죽은 소를 도축해 다른 소에게 먹이는 사료로 썼는데, 이 사료를 먹은 소들한테서도 같은 증상이 나타나더니 삽시간에 영국 전역으로 병 이 번져 나갔답니다. 그리고 그 쇠고기는 사람마저 감염시켜, 인간광 우병이라고 하는 변종 크로이츠펠트-야코프병(vCJD)으로 죽는 사람 들이 생겨났어요.

그런데 이런 증상이 양한테는 훨씬 오래전부터 나타났습니다. 진 전(震顫, 떨림)병이라고도 하는데, 양 스크래피(scrapie)라는 병이에요. 18세기 영국에서는 양을 더욱 살찌우고 빨리 자라게 하기 위해 우량 종끼리만 교배시켰어요. 그런데 이렇게 태어난 양들한테서 이상한 증상이 나타났어요. 처음에는 불안해하고 신경질적인 행동을 보이다 가, 점점 몸무게가 줄고 허약해지면서 머리를 떨고 비틀거리며, 피부 가 벗겨질 만큼 돌이나 울타리에 몸을 문질러 댔답니다. 그래서 이 병 을 '문지르다'는 뜻인 스크래피라고 하게 되었는데, 이런 증상을 보이 는 양들은 점점 극심한 고통에 시달리다가 병에 걸린 지 6개월 안에 죽었어요.

사람과 소, 양한테서 비슷한 증상을 보이며 나타난 세 가지 병에서 과학자들은 공통점을 발견했습니다. 그 병으로 죽은 사람이나 동물 들 뇌의 신경조직이 스펀지처럼 구멍이 뚫려 손상된 거예요. 그리고

위쪽부터 시계 방향으로 광우병에 걸린 소, 스크래피에 걸린 양,
쿠루병에 걸린 소년. 동그라미 속 사진은 각각의 뇌를 확대한 것이다.

단백질이 심하게 엉켜 덩어리져서 아밀로이드 플라크(반점)가 생겨 있었어요. 그래서 처음에 과학자들은 이들 병이 같은 병원체, 그러니까 세균이나 바이러스에 감염됐을 거라고 추측했지요. 하지만 뜻밖에도 감염원이 단백질로 밝혀졌어요. 세균이나 바이러스처럼 자신을 복제해서 증식하는 게 아니라 단백질이 다른 개체를 감염시킬 수 있다니! 처음에는 과학자들도 믿지 못했다고 하는군요. 하지만 실험을 계속해서 단백질이 감염원이라는 사실이 확실해졌어요. 그래서 단백질(proten)과 바이러스 입자(virion)를 합쳐서 '프라이온(prion)'이라는 이름을 만들었습니다. 이 단백질의 감염성을 처음 확인하고 프라이온이라 이름 붙인 미국의 생물학자 스탠리 프루지너는 그 공로로 1997년에 노벨 생리·의학상을 받았어요.

무엇이 이들의 머리를 아프게 했을까

원래 프라이온은 세포에 정상적으로 존재하는 단백질인데, 사람 같은 경우는 아미노산 253개로 구성되어 있습니다. 단백질은 다양한 입체 구조를 갖고 있는데, 이는 단백질을 구성하는 아미노산의 종류와 순서로 결정된답니다. 유전자는 단백질을 구성하는 아미노산의 종류와 순서 정보를 의미하는데, 사람의 프라이온 유전자는 20번 염색체에, 양과 소의 프라이온 유전자는 13번 염색체에 있어요.

　단백질이 만들어지는 단계는 1차 구조부터 4차 구조까지 네 단계로 설명합니다. 1차 구조는 유전자로 결정되는 아미노산의 배열 순서예요. 1차 구조에 따라 2차 구조가 만들어지는데, 떨어져 있는 아미노산이 가볍게 결합하면서 나선형으로 돌아서 올라가는 모양의 알파 나선(α-Helix) 구조와 병풍처럼 접힌 모양의 베타 면(β-Sheet) 구조가 만들어집니다. 2차 구조의 단위들이 서로 접히면서 덩어리를 만들어 3차 구조를 만드는데, 그러면 독립된 단백질로서 기능할 수 있습니다. 3차 구조를 이룬 것들 몇 개가 모여 4차 구조를 이루기도 합니다.

정상 프라이온은 α-나선 구조의 비율이 β-병풍 구조보다 훨씬 높은데, 변형 프라이온은 α-나선 구조가 줄어들고 β-병풍 구조가 더

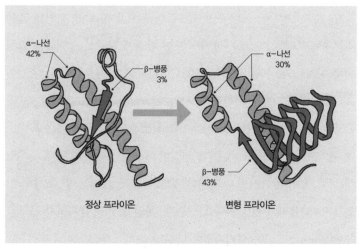

정상 프라이온은 α-나선 구조의 비율이 β-병풍 구조보다 훨씬 높은데,
변형 프라이온은 α-나선 구조가 줄어들고 β-병풍 구조가 더 많아지면서
단백질의 성질이 변한다.

많아지면서 단백질의 성질이 변합니다. 정상 프라이온 단백질은 물에 잘 녹고 단백질 소화 효소에 쉽게 분해되지만, 변형 프라이온은 물에 잘 녹지 않고 분해도 잘 되지 않습니다. 빽빽하게 밀집된 β-병풍 구조가 많아지면서 단백질 분해 효소가 접근할 수 없기 때문이지요. 게다가 육류 단백질 대부분은 57~75℃에서 변성이 일어나는데, 변형 프라이온은 100℃ 안팎에서도 파괴되지 않아, 열을 가해 음식을 만들어도 없어지지 않아요.

더구나 변형 프라이온이 세포에 계속 쌓이면 주변의 정상적인 단백질을 변형시켜, 결국 세포를 파괴하고 아밀로이드라는 섬유질을 만들어 뇌 기능에 이상을 일으키게 됩니다. 쿠루병과 양 스크래피와 광우병을 일으킨 주범이 바로 이 변형 프라이온이었지요.

20세기 초반부터 포어족에서는 장례를 치를 때 죽은 사람의 몸을 먹는 풍습이 생겼대요. 사람이 죽으면 마당에 시체를 숨겼다가 밤에 친족 여자들과 아이들이 나눠 먹었는데, 뇌도 날것으로 먹었다고 해요. 뇌에 변형 프라이온이 생긴 사망자가 있었다면, 그 뇌를 나눠 먹은 사람들한테도 변형 프라이온이 퍼졌겠지요? 그래서 계속 사망자가 생기고, 죽은 사람의 몸을 먹는 일이 계속되면서 부족 안에 쿠루병이 빠르게 퍼져 나갔던 것입니다. 1957년부터 12년 동안 조사한 것을 보면 희생자가 1100명쯤 되었는데, 식인 풍습을 금지하자 쿠루병에 걸린 사람이 더는 생기지 않았답니다.

비교적 오랫동안 유행했던 양 스크래피는 감염된 양의 태반이나 배설물로 오염된 목초지에서 풀을 뜯어 먹은 양들이 감염된 것으로 보고 있습니다. 또한 1930년에 양이 걸리는 전염병인 루핑병의 백신을 개발할 때 스크래피에 감염된 양의 뇌와 척수 조직을 써서, 이 백신을 접종한 양 수백 마리가 스크래피에 감염되었습니다.

또 1970년대부터 영국의 낙농업계가 초식동물을 빨리 성장시키기 위해 동물성 사료를 주기 시작했는데, 죽은 동물의 사체로 사료를 만들어 쓰면서 변형 프라이온의 전염이 더욱 빨라졌지요. 스크래피에 걸려 죽은 양으로 만든 사료를 소에게 먹이고, 또 죽은 소로 사료를 만들어 양과 소가 먹는 과정이 되풀이되면서 종 사이의 장벽이 무너지고 더욱 독성이 강한 변형 프라이온이 만들어져서 인간까지 감염시키게 된 것으로 보고 있어요.

영국에서 시작된 '미친 소'의 공포

아주 오래전부터 나타난 양 스크래피는 양에게 고통을 주었지만 사람들에게는 위협적이지 않았습니다. 스크래피로 죽은 양을 먹어도 인간에게는 감염이 일어나지 않았기 때문이지요. 이 질병은 종 사이의 장벽이 매우 높아 보였어요. 프라이온 단백질을 구성하는 아미노산의 수와 배열 순서가 종에 따라 조금씩 다르기 때문에, 양의 뇌를 파괴하는 변형 프라이온이 곧바로 인간을 감염시킬 수는 없었던 것입니다.

한편 1985년에 영국에서 처음으로 광우병 소가 사망한 뒤, 4년 만에 광우병 소가 6400여 마리로 급증했어요. 그사이에 영국 정부는 양 스크래피와 마찬가지로 광우병이 사람에게 전염되지 않기 때문에 쇠고기를 먹는 것은 안전하다고 국민을 안심시켰습니다. 당시에 많은 과학자와 수의사가 여러 번이나 정부의 안일한 정책을 비판하고 광우병의 위험성을 경고했는데도 말이지요. 영국 정부는 프라이온 연구로 유명한 미국인 과학자가 영국 광우병 연구를 돕겠다고 제안했을 때도 이를 거절하고, 영국의 과학자가 미국의 과학자와 교류하는 것도 막으려 했다고 합니다. 그때 영국 정부는 영국의 축산업과 사료업계만 걱정하고 있었던 걸까요?

1989년에 들어서야 비로소 영국 정부는 소의 뇌와 내장 같은 부산물을 사람들이 먹는 음식에 쓰지 못하게 규제하기 시작했어요. 하지만 규제가 강력하지 않아서 햄버거나 고기파이 속에는 여전히 뇌의 일부를 쓰곤 했어요. 게다가 도축장에서 뇌나 척수를 분리하는 과정에서 뇌 조직이 고기에 섞여 들어가기도 했습니다. 1989년 5월, 《타임스》는 수의사와 의료계에서 일하는 사람들의 분노 어린 비판을 실었습니다. 정부가 뇌질환

1990년에 영국의 농림부 장관이었던 존 검머는 방송에서 자신의 딸과 쇠고기가 든 햄버거를 먹으면서 쇠고기가 안전하다고 선전했다. 하지만 그 뒤 많은 사람들이 광우병에 희생되었으며, 그중에는 검머 친구의 딸도 있었다.

에 걸린 쇠고기 유통을 허용한 것, 그리고 오염된 동물성 사료를 다른 나라에 수출하는 행태 들을 강한 목소리로 비난했어요. 이때 기사 제목에 처음 등장한 '광우병(Mad Cow Disease)'이라는 표현은 사람들에게 충격적으로 새겨져, 전 세계적으로 본래의 병명인 BSE보다 더 자주 쓰였고 변형 프라이온 질환의 대명사가 되었습니다.

영국 정부가 광우병에 대해 부실하게 대처해서 결국 광우병과 인간광우병의 광풍이 몰아쳤습니다. 1996년, 광우병 의심 환자 가운데 첫 번째 사망자의 뇌를 부검한 결과 광우병 소와 마찬가지로 스펀지 모양의 뇌병변이 확인되었어요. 영국은 확인된 광우병 소 18만 마리와 광우병에 노출된 소 440만 마리 이상을 폐사시켰어요. 2010년까지 전 세계에서 소 19만 563마리가 광우병으로 확인되었는데, 이 가운데 18만 4607마리가 영국의 소이고, 나머지 다른 나라의 광우병 소도 대부분 영국에서 수입한 동물성 사료를 먹은 경우였어요. 그리고 2012년까지 인간광우병으로 죽은 223명 가운데 173명이 영국 사람이고, 나머지도 대부분 1990년대에 영국에서 살았거나 머문 적이 있었던 사람이랍니다.

전 세계를 공포에 몰아넣은 광우병과 인간광우병은 인간의 탐욕이 만들어 낸 병이에요. 돈벌이를 위해 죽은 동물로 사료를 만들어 초식동물에게 먹인 사람들, 그리고 사람과 가축의 건강보다 경제를 더 중요하게 여겨, 병을 막을 수 있는 기회를 스스로 버린 영국 정부의 잘못된 판단과 무능이 가져온 비극이었죠.

소나 양과 같은 동물한테서 나온 사료를 초식동물에게 주는 것을 금지하는 사료 규정과 광우병 소의 도축을 막는 도축 규정을 철저히 지키지 않는다면, 광우병은 언제든지 다시 인류의 식탁을 위협하게 될 것입니다.

인간광우병의 증상

질 좋은 쇠고기!

CJD, 즉 크로이츠펠트-야코프병에 대해 좀 더 자세히 알아볼까요? CJD는 산발성, 의인성, 가족성, 그리고 변종 CJD로 나눌 수 있는데 의인성은 의료 시술 과정에서 프라이온에 오염된 기구나 조직 등에 감염되어 일어나고, 가족성은 가족 유전으로 생기는 거예요. 때로는 정상적인 체세포에서 원인을 알 수 없는 돌연변이가 일어나 변형 프라이온이 몸 안에서 자체적으로 만들어지기도 하는데, 이를 산발성 CJD라고 합니다. 100만 명당 1명꼴로 나타나는 희귀병으로, 보통 60~70세의 노인한테 나타나는 퇴행성 뇌질환입니다. 잘 걷지 못하고 말이 어눌해지며 기억에 문제가 생기고, 시각장애와 균형장애가 진행되면서 운동을 할 수 없는 상태가 되어 결국 사망하게 됩니다.

변종 CJD는 앞에서 살펴본 것처럼 변형 프라이온에 감염된 쇠고기를 먹고 감염되는 인간광우병을 말합니다. 산발성 CJD는 60~70세에 주로 나타나는데, 변종 CJD는 젊은이(평균 연령 28세)들한테서 주로 나타납니다. 변종 CJD는 광우병에 감염된 쇠고기를 먹은 뒤 10~20년의 잠복기를 거쳐 병이 드러나기 때문에, 15세쯤 되는 나이에서 주로 감염이 많이 되었다고 볼 수 있지요. 하지만 이것은 평균일 뿐, 10대부터 70대까지 변종 CJD는 모든 나이에서 일어납니다. 또 병에 걸린 뒤 사망까지 걸리는 기간이 산발성 CJD는 평균 8개월인데, 변종 CJD는 평균 14개월(8~38개월)입니다. 젊은 나이에 병에 걸리고, 병의 진행 기간이 상대적으로 긴 것이 특징이지요. 또 변종 CJD 환자는 우울증, 불안감, 공격적 성향, 무감동증과 같은 정신이상 증상이 초기부터 나타난다고 합니다. 변종 CJD의 말기 증상은 산발성 CJD와 비슷한데 인지장애가 계속 진행되고 잘 걷지 못하며, 말을 하지 못하는 함구증 상태가 되다가 결국 죽게 됩니다.

광우병 소의 어떤 부위를 얼마나 먹어야 감염될까?

광우병을 더 자세히 알기 위해 과학자들은 다양한 실험을 했습니다. 2007년,《일반 바이러스학 저널(Journal of General Virology)》에는 태어난 지 6개월이 지난 송아지들에게 광우병 소의 뇌 조직을 먹인 뒤 변형 프라이온 단백질이 어떻게 전파되는지 그 경로를 알아보는 논문이 발표되었어요. 뇌 조직을 먹인 뒤 6개월째에 해부한 송아지는 소장의 끝 부분에서, 10개월이 된 송아지는 편도에서 변형 프라이온 단백질이 발견되었다고 해요. 뇌의 연수에서 처음 발견된 것은 감염되고 27~30개월이 지난 뒤였고, 그 1개월 뒤에는 목과 등의 척추에서도 발견되었답니다. 그리고 감염된 뒤 4~6년 정도가 지나자 광우병 증상이 겉으로 나타나기 시작했어요. 그때까지 변형 프라이온은 계속 증가해, 증상이 나타나기 1~2년 전과 비교하면 뇌와 척수의 변형 프라이온은 1000배 정도 증가했습니다.

국제수역사무국(OIE)이 30개월이 안 된 소에서는 회장 원위부(소장 끝부분)와 편도만 특정위험물질로 보는 것은 이런 실험 결과를 바탕으로 한 거예요. 변형 프라이온이 아직 뇌와 척수까지는 번지지 않았다고 보는 것이죠.

그런데 2012년에 독일의 프리드리히 뢰플러 연구소에서 연구한 결과는 달랐습니다. 4~6개월 된 송아지 56마리에 변형 프라이온을 감염시켰는데, 그 뒤 16개월 만에 등뼈와 허리뼈에 있는 교감신경에서 변형 프라이온 단백질이 나온 송아지가 있었어요. 변형 프라이온이 뇌에 도달한 뒤 몸 전체로 퍼져 나간다는 이전 연구 결과와 달리, 이 실험은 뇌에 도달하기 전에 자율신경계를 통해 퍼져 나갈 수도 있다는 것을 보여 주었습니다. 그러니까 주저앉는 증상을 보이기 전에도 소의 몸에 변형 프라이온이 쌓일 가능성이 있다는 것이지요. 게다가 뇌의 연수에서 변형 프라이온이 나온 송아지들 가운데 가장 빠른 게 종전의 실험보다 3개월 빨랐는데, 감염된 지 24개월째였어요. 이 실험이 맞다면, 국제수역사무국에서 제시하는 '30개월'이라는 기준은 안전하지 않을 수 있습니다.

그럼 광우병 소의 뇌 조직을 얼마나 먹으면 소가 감염될까요? 1992년의 한 실험에서 광우병 소의 뇌 1, 10, 100g을 각각 소에게 먹인 결과, 100g을 먹인 경우 모든 소가 광우병에 걸렸고 10g과 1g을 먹인 경우는 각각 78%와 70%가 광우병에 걸렸습니다. 아주 적은 양을 먹어도 광우병에 감염될 수 있다는 것을 보여 준 충격적인 결과였지요.

한국인이 인간광우병에 취약하다고?

프라이온 단백질은 아미노산 253개로 구성되는데, 그중 129번째 부분을 구성하는 아미노산은 메티오닌(M)과 발린(V) 두 종류예요. 부모한테서 하나씩 물려받기 때문에 129번째 아미노산의 유전형은 M/M, M/V, V/V 세 가지 조합으로 만들어져요.

그런데 영국에서 변종 CJD에 걸린 사람들의 프라이온 유전자를 조사해 봤더니 모두 M/M형이었다고 해요. 영국인의 유전자형 비율은 M/M 37%, M/V 51%, V/V 12%로 M/M형이 영국인의 3분의 1밖에 안 되는데도 말이지요. 그리고 인육을 먹었으면서도 쿠루병에 걸리지 않고 생존한 포어족 21명을 조사했을 때 M/M형은 한 명도 없었다고 합니다. 아직 이유는 정확히 밝혀지지 않았지만, 이런 통계들 때문에 광우병에 걸린 뇌에서 나타나는 단백질의 변성 과정이 메티오닌(M)만 있을 때 더 빨라지는 것으로 추정합니다.

그런데 한국인 529명을 대상으로 프라이온 유전자형을 조사한 연구 결과가 있는데, 94.33%가 M/M형이었다고 해요. 그래서 한국인이 유전적으로 변종 CJD에 약하다는 주장이 나오게 되었지요.

하지만 다른 견해도 있습니다. 우리 몸의 생리작용이 수많은 유전자의 상호작용으로 이루어진다는 것을 감안하면, 단순히 M/M형 유전자를 가졌다는 것만으로 변종 CJD에 걸릴 가능성이 크다고 할 수 없다는 거예요. 실제로 M/M형 비율은 중국의 한족이 97%, 일본인은 92%로 동양인이 유럽의 서양인보다 훨씬 높지만, 인간광우병으로 사망한 아시아인은 지금까지 일본인 한 명뿐이랍니다. 이 사람은 광우병이 휩쓸던 1990년에 영국에 머문 적이 있었지요.

129번 말고 219번 유전자형이 요즘 새롭게 주목받고 있는데, 이 유전자가 인간광우병을 억제하는 기능을 하는 게 아닌지 연구하고 있습니다. 이처럼 우리가 아직 발견하지 못한 다른 유전적 요인들과 생화학적 과정이 복잡하게 연관되어 있기 때문에, M/M형 유전자의 비율이 높다고 해서 너무 걱정하지 않아도 된다는 견해도 있어요.

　그런데 유전적 특성 말고도 한국인들은 생활 습관 때문에 인간광우병에 노출될 가능성이 크다는 우려가 있습니다. 다른 부위와 비교했을 때 변형 프라이온이 많이 나오는 소의 내장, 골과 뼈까지 광범위하게 음식 재료로 쓰기 때문이에요. 인간광우병의 감염을 막으려면 이런 부위를 먹지 않는 쪽으로 식습관을 바꿔 나가는 것이 좋겠지요. 그리고 쇠고기 수출국과 우리나라 정부는 광우병을 통제하기 위한 사료 금지 규정과 도축 규정을 잘 지키는지 철저하게 감시해, 우리가 광우병 쇠고기를 먹지 않도록 노력해야 할 것입니다.

무엇을 어떻게 먹어야 할까

산발성 CJD가 인구 100만 명당 1명꼴로 자연스럽게 걸리는 질병인 것처럼, 광우병도 나이 든 소의 체세포에서 돌연변이로 프라이온 단백질이 잘못 생겨날 수 있는 드문 질병이었을 것입니다. 그런데 우리에 갇힌 소들은 동물성 사료를 먹어야 했고, 이 사료에 섞여 들어간 광우병 소의 부산물은 정상 단백질을 변형 프라이온으로 변성시켰지요. 그 결과 영국에서 소 18만 마리 이상이 광우병에 걸려 죽었고, 더 퍼지는 것을 막기 위해 440만 마리를 도축했습니다. 그리고 220명이 넘는 사람들이 인간광우병으로 사망했습니다. 빨리 성장시킨답시고 초식동물인 소에게 동물성 사료를 먹인 인간의 탐욕이 재앙을 낳은 것이지요.

소는 보통 30년을 산다고 합니다. 하지만 고기를 얻기 위해 키우는 수소는 생후 3년을 넘기지 못하고 도축된다고 해요. 그 이상 키울 경우 사료를 먹이는 양에 비해 체중이 늘지 않아서 경제적 가치가 떨어지기 때문이에요. 암소는 세 번 이상 출산하면 육질이 나빠져서 대부분 두 번째 출산을 마치고 도축된다고 합니다. 살아 있는 동안에도 좁은 우리에 갇혀 제대로 움직이지도 못하지요. 이렇게 억압적이고 비위생적인 환경 속

평온하고 안전하게 자란 건강한 소.
이 평범하고 당연한 모습이 비현실적으로 보이는 세상에서
우리는 살고 있다. ©Daniel Schwen

에서, 온갖 병에 걸릴까 봐 수시로 항생제를 맞으며 고통스럽게 길러진 소들이 우리 밥상에 올라옵니다. 광우병 소의 부산물을 사료로 먹지 않더라도, 이런 고기를 먹는 우리는 과연 건강할 수 있을까요?

10

과학자 윤리

과학 논쟁이 벌어질 때

대박을 꿈꾼 과학자들 이야기

"물…… 물을 줘……."

사람들이 강으로, 바다로 허겁지겁 뛰어든다. 어떤 사람은 횟집에 횟감으로 노니는 물고기가 있는 좁은 어항에 몸을 거꾸로 처박는다. 그런데, 심한 갈증을 느끼다가 물을 들이켰던 사람들 몸에서 괴기한 생명체가 튀어나온다.

그들을 물로 뛰어들게 만든 건 무엇일까? 바로 '변종 연가시'다. 사람의 몸을 숙주 삼아 기생하는 변종 연가시는 뇌에 영향을 미쳐 사람들이 본능적으로 물을 찾게 만든다. 그렇게 사람이 물속에 뛰어들면, 몸을 뚫고 물에 흘러들어 가 번식을 한다. 연가시의 알이 퍼져 있는 물에서 수영을 한 사람들, 그리고 그 물을 마신 사람들의 기침이나 배설물을 통해 전염병은 엄청난 속도로 퍼져 나갔다.

사실, 이 무서운 전염병을 치료할 수 있는 약은 이미 개발되어 있었다. 하지만 제약 회사는 이 치료제를 시중에 내놓지 않는다. 특허까지 걸어 놓아 비슷한 약을 만들 수도 없다. 이 제약 회사의 주주들은 정부가 회사를 비싼 값에 인수할 때까지 약을 파는 데 동의하지 않고 있다. 많은 사람이 죽어 가고 있었다. 하지만 그럴수록 제약 회사의 주식값은 올라갔다.

사실 이 제약 회사는 곤충을 숙주로 기생하는 연가시라는 기생충이 숙주의 뇌에 영향을 준다는 점을 이용해, 뇌질환 신약을 만들려고 연구를 하고 있었다. 회사가 전폭적으로 지원해서 비밀리에 연구해, 마침내 그들은 사람을 숙주로 하는 연가시를 만드는 데 성공했다. 그런데 그만 회사가 파산해 외국 기업에 인수되어 버렸고, 연가시 프로젝트는 백지화되어 버렸다. 고생은 고생대로 하고 아무런 성과나 보상을 얻지 못한 연구원들이 홧김에 실험 동물들을 물에 던져 버린 것이 재앙의 시작이었다.

결국 우여곡절 끝에 이 모든 것이 밝혀져, 제약 회사의 사장과 연구원들은 쇠고랑을 차고 시민들은 약을 얻어 위기에서 벗어난다.

— 영화 〈연가시〉 내용을 재구성

우리는 보통 과학기술을 더 나은 사회와 미래를 열어 주는 만능열쇠로 생각하곤 하지만, 그것이 자칫 잘못된 의도를 가지면 인류의 재앙이 될 수도 있습니다. 특히 돈과 명성은 과학자들을 유혹하는 치명적인 수단이 되곤 하지요. 과학 연구의 결과, 과학자들의 태도나 생각은 복잡한 사회관계에서 서로 영향을 주고받곤한답니다.

그럼 이제부터는 영화가 아닌 실제 사례를 보면서 과학자들의 다른 모습을 들여다볼까요?

의혹은 우리의 상품

담배가 해롭다는 사실이 아직 제대로 밝혀지지 않았던 1953년 12월 15일, 뉴욕 시슬론케터링 연구소는 담배와 암이 상관관계가 있다는 연구 결과를 발표했습니다. 쥐 피부에 담배 타르를 발랐더니 치명적인 암이 생긴 거예요. 이 연구 결과는 언론의 대대적인 주목을 받았지요.

담배 업계가 받은 충격은 엄청났습니다. 연구 결과가 발표된 날 아침, 미국 4대 담배 회사 사장들과 그때 미국 최대 홍보 회사이던 힐앤드놀턴의 창립자이자 최고 경영자인 존 힐은 뉴욕 시 플라자 호텔에서 모임을 가졌어요. 이전에도 그들은 '담배산업홍보위원회'를 만들어 담배 홍보 프로그램을 만드는 데 힘을 모아 왔지요.

이번 모임에서 이들은 담배가 위해하다는 연구에 맞서기 위해 위원회 이름도 '담배산업연구위원회'로 바꾸고, 담배와 암의 연관성에

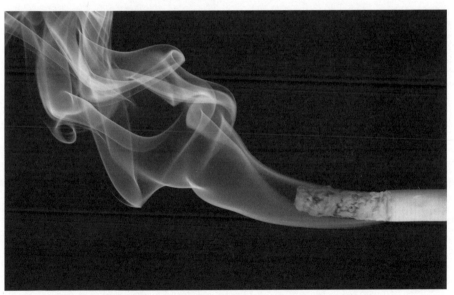

미국 법원에서 담배가 병의 원인이라고 인정한 것은 20세기 말에 이르러서였다.
담배 회사들은 어떻게 수십 년 동안 담배 관련 소송에서 이길 수 있었을까? ©pixabay

대해 의문을 던지는 정반대 성격의 연구에 자금을 지원하기로 했습니다. 위원회의 대표로 클래런스 쿡 리틀이라는 과학자가 뽑혔는데, 그는 인간의 모든 특성은 본질적으로 유전자에 근거를 둔다고 확신하는 사람이었어요. 암의 원인도 흡연이 아니라 유전적으로 암에 약하기 때문이라고 생각했죠. 위원회는 담배가 해롭다는 연구의 약점을 파고들어 논쟁을 부추기면서, 책임감 있는 언론인이라면 논쟁의 양쪽 연구 결과와 생각을 균형 있게 모두 알릴 의무가 있다고 목소리를 높였어요. 그리고 여론 조사와 로비 활동으로 여론을 만들고,《담배 논쟁에 관한 과학적 관점》이라는 작은 책자를 미국 전 지역의 병원과 언론, 정부 관계자 들에게 나눠 줬어요.

다음은 힐앤드놀턴이 만든 문서에 있는, 담배가 해로운지 묻는 질문 가운데 일부입니다.

- 실험용 쥐에 담배 타르를 발랐을 때는 쥐가 피부암에 걸렸지만 담배 연기가 자욱한 방에 두었을 때는 암에 걸리지 않은 이유가 무엇인가?
- 여러 도시가 흡연율은 비슷한데 왜 암 발생률은 차이가 큰가?
- 대기오염이 심해지면서 여러 가지 환경 변화가 일어나는데, 그것과 폐암은 상관관계가 있는가?
- 기후가 암에 영향을 미치는가?
- 최근의 흡연 증가율은 여성이 더 높은데 왜 폐암 증가율은 남성이 더 높은가?

- 흡연이 폐암을 일으킨다면, 왜 구순암, 설암, 식도암은 증가하지 않는가?
- 왜 영국의 폐암 발생률은 미국의 네 배인가?

여러분은 이 질문들을 보고 어떤 느낌을 받았나요? 혹시 '흡연이 건강에 정말 해로운 건가?' 하는 생각이 들지는 않았나요? 담배산업연구위원회에서 노린 것이 바로 그것입니다. 질문만으로도 의혹이 생기고, 왠지 근거가 부족해 보이는 효과가 있는 것이지요. 그들 역시 "흡연이 건강에 해롭지 않다"는 과학적 근거는 제시하지 못하지만, "흡연이 건강에 해롭다"는 주장에 의문이 들게 하는 것만으로도 충분하다고 생각한 거예요.

사실 담배산업연구위원회 사람들은 이 질문에 대한 답을 이미 알고 있었어요. 예를 들어, 암 발생률이 도시와 나라마다 다른 것은 흡연이 암의 유일한 원인이 아니기 때문입니다. 여성의 흡연 증가율이 남성보다 더 높은데도 남성의 암 증가율이 더 높은 것은 잠복성 때문인데, 폐암은 처음 담배를 피우고서 10~30년 뒤에 생기거든요. 담배를 피우기 시작한 여성이 많아진다고 해서 바로 폐암 증가로 이어지지는 않는 것이죠.

그들의 적극적인 홍보는 효과가 있었습니다. 1956년 2월 14일 한 기관에서 여론조사를 했는데, '언론이나 대중은 최근의 담배 비판에 대해 눈에 띄게 공포나 경각심을 느끼지 않는다'는 것을 확인할 수 있었어요. 이렇게 수십 년 동안 이어진 담배 업계의 홍보 전략은 어느 담배 회사 중역의 간단한 메모에 잘 드러나 있습니다.

"'의심'은 곧 우리 제품이다. 일반 대중의 머릿속에 자리 잡은 '어떤 사실'과 싸우기 위한 가장 좋은 수단이니까."

확률과 불확실성의 과학

하지만 시간이 갈수록 담배 위해성에 관한 논쟁은 끝나 가고 있었어요. 담배가 해롭다는 사실을 뒷받침하는 연구 결과가 점점 많아졌거든요. 그 영향으로 미국에서 흡연자 수가 크게 줄어들어, 1950년대까지 50%가 넘던 흡연율이 1960년대 말쯤 37%로 떨어졌어요. 1979년에는 33%로 줄어들었지요.

담배산업연구위원회는 상업적 연구가 아닌 건강 연구에만 전념하겠다며 홍보 회사 힐앤드놀턴하고 관계를 끊고 이름을 '담배연구위원회'로 바꿨습니다. 그리고 자신들의 신뢰도를 높이기 위해 과학자들을 계속 끌어들였어요. 미국국립과학학술원 회원인 유전학자 리틀, 학술원 원장을 지낸 프레더릭 사이츠, 생물의학자 클라인 같은 권위 있는 과학자들에게 거액의 지원금을 주고, 미국 곳곳의 의과대학, 병원, 연구소에 있는 과학자 155명에게 연구 기금으로 700만 달러가 넘는 돈을 지원했어요. 그들을 자기편으로 끌어들이기 위한 것이었죠. 그 효과는 필요할 때마다 나타났어요.

한 예로 1965년에 담뱃갑과 담배 광고에 담배가 해롭다는 경고 문구를 넣도록 강제하는 법안 때문에 청문회가 열렸는데, 그 법안에 반대하는 과학자들과 논쟁적인 사안에 대해 성급하게 판단하지 말라고 경고하는 암 전문가들이 나섰어요. 이들의 정체는 바로 담배 업계에게 연구비를 받았던 과학자였답니다.

1954년에 처음으로 담배 관련 소송이 시작됐을 때부터 담배 업계가 패소하기까지 무려 반세기가 걸렸습니다. 그사이 담배 업계는 수많은 소송에서 승리를 거두었어요. 그 이유는 배심원단이 증인으로 출석한 과학자들을 신뢰했기 때문입니다.

과학자들과 담배 업계가 주로 이용한 수법은 위에서 살펴봤던 '의심 퍼뜨리기'였어요. 보통 사람들은 과학적으로 "A가 B를 일으키게 한다"고 하면 "A를 하면 반드시 B라는 결과가 나온다"고 생각해요. 예를 들어 "흡연이 암을 일으키게 한다"고 하면 담배를 피우면 '반드시' 암에 걸린다고 느끼는 거지요. 하지만 삶은 그렇게 단순 명쾌하지 않아요. 과학에서 '어떤 것이 원인'이라는 의미는 확률을 말하기도 합니다. 그러니까 "흡연이 암을 일으키게 한다"는 말은 "담배를 피우면 암에 걸릴 확률이 훨씬 높아진다"는 뜻이죠. 담배 업계는 이런 오해를 적절히 활용했습니다.

의심 퍼뜨리기가 성공할 수 있는 또 다른 이유는 우리가 과학을 냉정하고 확고하며 결정적인 사실의 문제라고 생각하기 때문이에요. 만약 연구자가 어떤 것이 '불확실하다'고 말하면, 그가 갈피를 못 잡고 정확하지 않은 진술을 하는 걸까요? 꼭 그렇지는 않아요. 과학은 발견의 과정이기 때문에, 언제나 의심의 가능성이 있고 불확실성이 존재해요. 그래서 진리라고 믿어 왔던 기존의 이론이 새로운 연구 결과로 뒤집히는 일도 있고, 아직 밝혀지지 않은 미지의 영역도 많지요. 담배의 경우도 역시 흡연이 암을 일으킨다는 사실은 알고 알지만, 어떤 과정으로 그렇게 되는지는 확실히 밝혀지지 않았어요. 흡연자가 더 일찍 죽는다는 사실은 알지만, 어떤 특정한 흡연자가 일찍 죽었을 경우 흡연이 그 죽음에 얼마나 영향을 미쳤는지도 불확실합니다. 이러한 불확실성을 끄집어 내 아무것도 밝혀지지 않았다는 인상을 만들어 내는 것이 담배 업계의 핵심적인 전술이었어요.

우리는 이런 담배 논쟁을 잘 기억해 둘 필요가 있어요. 왜냐하면 담배 문제만이 아니라 과학을 바탕으로 한 여러 가지 논쟁이 벌어질 때, 나라나 기업들은 비슷한 방식으로 대응해 왔고, 지금도 그렇게 하고 있거든요. 일부 과학자들은 여러 분야에서 기업이나 정부의 편을 들어 주기도 했습니다.

특히 20세기 중후반을 지나면서 빠른 산업화로 산성비, 오존층 구멍, 지구온난화와 같은 환경 분야에서 여러 가지 논쟁이 벌어지고 있습니다. 이럴 때도 그들은 문제를 제기하는 과학자들에게 '근거가 없다'거나 '불확실하다'고 주장하면서 의혹을 부추겼어요. 6장에서 살펴본 것처럼, 지구 온난화의 경우도 몇몇 과학자들이 끊임없이 회의론을 제기했어요. 앞에서 본 것처럼 과학을 잘 모르는 보통 사람들은 의혹을 제기하는 것만으로도 사실이 아니라고 믿곤 하거든요.

그렇게 오랜 세월 동안 논쟁한 끝에 2004년이 되어서야 지구가 인

간의 활동으로 뜨거워지고 있음을 과학계가 합의했어요. 그런데 2006년 ABC 뉴스가 실시한 여론조사 결과, 미국인 64%가 과학자들 사이에서 아직 논쟁 중이라고 알고 있었고, 2009년 퓨리서치센터에서 조사한 것으로는 지구온난화를 인정하는 미국인이 57%밖에 안 되었답니다. 의혹의 힘, 참 대단하죠?

침묵하는 과학자들

그런데 이렇게 몇몇 과학자가 자신의 권위와 명성을 이용해 사실을 왜곡하고 기업과 정부의 편을 드는 동안, 왜 다른 많은 과학자들은 가만히 있었던 걸까요?

　가장 큰 이유는 섣불리 대응했다가는 과학계에서 '왕따'를 당할 수도 있기 때문이에요. 현대 과학의 성과는 대부분 혼자가 아니라 협력 작업을 한 결과입니다. 설령 한 사람의 천재성이나 창의성에서 나온 결과라 할지라도 전문가들의 합의를 반영해야만 과학으로 인정받고 있어요. 예를 들어, 기후변화위원회에서 발표하는 보고서는 과학자 수천 명의 연구를 요약해 결론을 내놓는답니다. 이런 상황에서 개인 발언을 하는 '튀는' 과학자는 동료 집단에서 소외될 수 있어요. 자기 혼자 공적을 독차지하려 한다고 여겨지기 때문이에요. 그래서 그런 '용기'를 내려면 여러 과학자들이 집단적으로 행동해야 하는데, 그런 수고로움을 견디기보다는 가만히 있기를 선택하고 마는 것이지요.

그리고 과학자들은 새로운 지식을 만들어 내는 전문가이지만, 폭넓은 대중과 소통하는 법은 익히지 못한 경우가 많아요. 지식을 발견하고 생산은 하지만, 전달하는 데 약한 것이지요. 그래서 앞에 나서기를 꺼린답니다.

그리고 반대편이 정치적, 경제적으로 힘이 너무나 커서 되레 공격을 받을 수 있다는 점도 커요. 오히려 과학을 정치에 이용하고 객관성에 흠집을 냈다고 비난받는 경우도 있지요. 실제로 2005년에 펜실베이니아주립대학교 연구원 마이클 만 박사가 지구가 급속하게 뜨거워지고 있다는 강력한 증거를 제시하자, 하원 의원한테서 어디서 연구 지원금을 받았는지, 데이터 자료는 어디에 있는지 자세한 정보를 넘기라는 혹독한 공격을 받았답니다. 또 기후변화를 주장한 과학자 벤저민 샌터는 싱어, 사이츠 같은 사람들한테서 아주 오랫동안 시달리고 있답니다. 정보공개법을 이용해 연구에 관한 자세한 자료를 내놓으라고 한대요. 이렇게 위협을 받을 수 있는 상황에서, 그들에게 맞설 용기를 내는 것은 쉽지 않을 거예요.

양심을 지키는 과학자들

하지만 이런 어려움 속에서도 침묵하지 않고 양심을 지키는 과학자들도 있습니다.

레이첼 카슨은 아마도 현대 환경 운동이 시작된 데 가장 큰 영향을

《침묵의 봄》으로 현대 환경 운동에
지대한 영향을 미친 레이첼 카슨

미친 인물일 거예요. 4년여 동안 작업해서 1962년에 펴낸 《침묵의 봄》에서 그녀는 합성 살충제가 자연계와 인간에게 미치는 위험성에 대해 경고했어요. 그러면서 그동안 살충제 문제가 제대로 지적되지 않았던 것은 농무부, 화학제품 회사, 대학의 화학자들이 경제적인 이해관계로 얽혀 있기 때문이라고 밝혔습니다.

이 책으로 카슨은 관련 집단한테서 거센 공격을 받았지만, 그보다 훨씬 큰 대중의 지지를 얻었어요. 1964년에 그녀가 암으로 세상을 떠난 뒤, 미국 곳곳에서 DDT를 비롯한 합성 살충제를 이용하는 항공 방제에 반대하는 시위와 법정 소송이 이어졌고, 지방 자치단체 스스로 조례를 만들어 특정 살충제를 쓰지 못하게 했답니다. 그리고 그린피스 같은 새로운 환경 단체도 생겨났습니다. 1970년 4월 22일에는 미국에서 2000만 명이 참여한 제1회 지구의 날 행사가 열렸고, 환경문제를 전담하는 환경보호청이 같은 해에 만들어졌어요. 환경보호청은 1972년에 DDT 사용 금지령을 내렸답니다. 무엇보다 카슨은 화학 산업을 중심으로 한 개발을 맹신하는 데 경종을 울렸고, 과학기술을 비판적으로 바라보게 하는 데 큰 몫을 했어요.

우리가 잘 알고 있는 아인슈타인도 죽기 직전까지 사회 활동을 했어요. 특히 미국과 소련 사이에 냉전 긴장이 심해지면서 1950년대 초반에 두 나라가 수소폭탄을 개발하자, 1955년 7월에 아인슈타인과 수학자이자 철학자인 버트런드 러셀은 세계의 저명한 과학자 아홉 명과 함께 '러셀-아인슈타인 선언'을 발표했어요. '핵무기 없는 세계와 분쟁의 평화적인 해결'을 호소하는 선언이었답니다.

이를 계기로 영국의 물리학자 조지프 로트블랫이 중심이 되어 국제적으로 새로운 과학자 운동이 출범했어요. 1957년에 열린 첫 번째 회의 장소였던 캐나다 어촌 마을 퍼그워시의 이름을 따서 '퍼그워시 회의'라고 이름 지었는데, 해마다 회의를 열어 세계적인 차원에서 과학과 환경 문제를 이야기하고 있어요. 냉전 시기에는 미국과 소련 두 나라를 잇는 비공식적인 창구 역할도 했지요. 이런 공로를 인정받아 퍼그워시 회의와 이를 이끌어 온 로트블랫은 1995년에 노벨 평화상을 받았어요.

우리나라에서는 여러 전문가와 활동가 들이 모여 시민환경연구소, 진보네트워크, 보건의료단체연합 등을 만들었어요. 최근 몇 년 동안 우리 사회에서 중요한 논쟁이 됐던 미국산 쇠고기 수입과 4대강, 반도체 산업으로 생긴 백혈병, 구제역 사태 같은 일에 목소리를 내고 있어요.

1950년대 초에 미국과 소련이 연달아 수소폭탄을 개발하자,
과학자 아인슈타인과 철학자 버트런드 러셀을 비롯해 모두 열한 명의 과학자들이 모여
'핵무기 없는 세계와 분쟁의 평화적인 해결'을 호소하는 선언을 했다.
이 선언은 그 뒤 세계 평화와 환경을 위한 과학자들의 모임인 '퍼그워시 회의'로 이어졌다.

과학 논쟁이 벌어질 때, 우리는 무엇을 할 수 있을까?

과학적 논쟁이 벌어질 때, 전문가가 아닌 보통 사람들은 무엇이 옳고 그른지 판단하기 어렵습니다. 그래서 과학자들 의견에 의존하게 되지요. 그런데 일부 과학자들이 이를 이용해 자신의 권위로 잇속을 챙긴다면, 우리는 어떻게 해야 할까요? 속수무책으로 그저 바라보기만 해야 할까요?

우리는 무엇보다 논쟁에 대해서 분별력을 가져야 합니다. 과학자가 명확한 과학적 근거를 가지고 주장하는지, 그 분야의 전문가인지, 신뢰할 만한 동료들의 평가를 받은 이론인지 확인할 필요가 있어요. 지구온난화와 이산화탄소 배출이 서로 연관이 있는지 계속 의문을 제기한 사이츠와 싱어는 기후학자가 아니었답니다. 이들은 지구온난화와 관련한 연구 결과에 대해, 근거가 부족하다며 불확실성을 강조하는 방식으로 논란을 만들어 왔지요. 그런데 이들은 자신들의 주장을 뒷받침할 만한 근거는 없었습니다. 주장 자체가 상대편의 연구에 딴지를 걸기 위한 것이었으니까요.

과학이 사회·정치적인 문제와 관계가 있거나 논쟁이 벌어질 때, 이를 일반 시민에게 투명하게 설명하고 다 함께 민주적으로 해결 방안을 찾을 수 있도록 제도적인 장치가 마련되어야 합니다. 과학 전문가, 쟁점과 직접 관계가 있는 사람들, 그리고 시민이 함께 이야기를 나누고 결정할 수 있는 마당을 마련하는 것이지요. 앞으로 사회는 점점 더 복잡하고 첨예한 과학적 논쟁이 벌어질 거예요. 과학의 결과물은 매우 복잡하게 사회와 영향을 주고받고 있고, 이해관계가 얽혀 있는 사람들도 다양합니다. 게다가 나노 기술이나 유전자 변형이나 복제처럼 획기적이지만 부작용도 매우 큰 신기술이 계속 개발되고 있습니다. 이런 상황에서 과학자들의 권위에만 의존해 중요한 사안을 결정하는 것은 무척 위험한 일일 수 있지요.

과학은 우리 모두의 일입니다. 과학을 몇몇 전문가만이 아니라 다 같이 이해하고 공유하려면, 우리가 먼저 과학에 관심을 갖고 문제를 해결하려고 적극 노력해야만 해요. 그럴 때에야 과학은 비로소 우리 삶을 더욱 안전하고 풍요롭게 만들어 줄 것입니다.

1 청개구리의 거짓말 강 살리기와 물 관리

- **강은 살아 있다** 최병성 지음, 황소걸음, 2010
- **기후변화에 대비한 도시의 물 관리** 제리 유델슨 지음, 한무영 옮김, CIR, 2012
- **나는 반대한다** 김정욱 지음, 느린걸음, 2010
- **빗물과 당신** 한무영·강창래 지음, 알마, 2011
- **서울은 깊다** 전우용 지음, 돌베개, 2008
- **하천 생태학 그리고 낙동강** 김종원 지음, 계명대학교출판부, 2009
- **Sustaining Water: Population and the Future of Renewable Water Supplies** T. Gardner-Outlaw and R. Engelman, Population Action International, 1993

- **우리 강 이용 도우미** www.riverguide.go.kr

2 어느 늙은 고릴라의 편지 동물원과 동물권

- **동물 쇼의 웃음 쇼 동물의 눈물** 로브 레이들로 지음, 박성실 옮김, 책공장더불어, 2013
- **동물과 인간이 공존해야 하는 합당한 이유들** 피터 싱어 엮음, 노승영 옮김, 시대의창, 2012
- **동물원** 토머스 프렌치 지음, 이진선·박경선 옮김, 에이도스, 2011
- **동물원 동물은 행복할까?** 로브 레이들로 지음, 박성실 옮김, 책공장더불어, 2012

- **'동물원법 제정' 국회 통과… 하지만 규정 보완 절실** 윤상준, 데일리벳, 2016. 5. 24
- **동물원 있는데 '동물원法'은 없다** 이항, 주간동아, 2013. 12. 16
- **동물원법 제정해야 하나요** 김선태, 한국경제, 2015. 12. 11
- **숨진 멸종위기 로랜드고릴라 '고리롱' 박제 찬반 논란** 유영규, 서울신문, 2011. 5. 25
- **'아이들 앞에서 기린 해체한' 덴마크 동물원 "떳떳하다"** 염지현, 이데일리, 2014. 4. 4
- **제돌이 방류 1년, 돌고래의 형편은 나아지지 않았다** VISUAL DIVE, 2014. 12. 12

3 원하는 아이를 만들어 드립니다! 맞춤아기

- 마이 시스터즈 키퍼 조디 피콜트 지음, 곽영미 옮김, 이레, 2008
- 멋진 신세계 올더스 헉슬리 지음, 안정효 옮김, 소담출판사, 2015
- 생명의 윤리를 말하다 마이클 샌델 지음, 강명신 옮김, 동녘, 2010
- 할리우드 사이언스 김명진 지음, 사이언스북스, 2013

- 'Designer' baby goes ahead Julie-Anne Davies, The Age, 2003. 5. 12
- A Baby, Please. Blond, Freckles-Hold the Colic Gautam Naik, The Wall Street Journal, 2009. 2. 12
- Britain's first cancer-free designer baby born after being screened for deadly gene Sam Greenhill, Daily Mail, 2009. 1. 11
- Lesbian couple have deaf baby by choice David Teather, The Guardian, 2002. 4. 8

4 편리한 디지털 세상의 비밀 반도체 공장 이야기

- 먼지 없는 방 김성희 지음, 보리, 2012
- 반도체 비즈니스 제대로 이해하기 강구창 지음, 지성사, 2010
- 반도체 소자 공정기술 마이클 쿼크 지음, 최성재 옮김, 자유아카데미, 2006
- 반도체 알고 보면 쉬워요 김영석·조경록 지음, 홍릉과학출판사, 2007
- 반도체 이야기 매일경제 산업부 지음, 이지북, 2005
- 반도체 제대로 이해하기 강구창 지음, 지성사, 2005
- 삼성반도체와 백혈병 박일환·반올림 지음, 삶이보이는창, 2010
- 세계 1위 메이드 인 코리아 반도체 최영락·이은경 지음, 지성사, 2004

- 256메가 디램 세계 첫 개발 동아일보, 1994. 8. 30
- 삼성반도체 백혈병 항소심 원고들의 최후 변론 반올림 정리, 2014. 6
- 수백 가지 화학물질 공기, 물, 토양 위협 한겨레, 1991. 2. 26
- 첨단 산업의 그늘, '직업성 암' 프레시안, 2013. 3. 8

- 삼성 반도체 이야기 samsungsemiconstory.com

5 가장 작은 생물과의 전쟁 세균과 항생제

- 항생제 중독 고와카 준이치 외 지음, 생협전국연합회 옮김, 시금치, 2008
- 인간은 왜 세균과 공존해야 하는가 마틴 블레이저 지음, 서자영 옮김, 처음북스, 2014

6 정말 지구가 더워지고 있는 거야? 지구온난화 논쟁

- **기후변화의 정치학** 앤서니 기든스 지음, 홍욱희 옮김, 에코리브르, 2009
- **기후변화** 김연옥, 민음사, 1998
- **기후의 역습** 모집 라티프 지음, 이혜경 옮김, 현암사, 2005
- **선생님도 놀란 초등과학 뒤집기 : 기후변화** 박미용 글, 이국현 그림, 성우주니어, 2009
- **지구온난화 주장의 거짓과 덫** 이토 키미노리·와타나베 타다시 지음, 나성은·공영태 옮김, 북스힐, 2009
- **지구가 정말 이상하다** 이기영 지음, 살림, 2005
- **지구시스템의 이해** 프레더릭 루트겐스 외 지음, 김경렬 외 옮김, 박학사, 2009

- **교토의정서 2020년까지 연장… 배출 4대국 불참 '빈껍데기' 전략** 이혜인, 경향신문, 2012. 12. 9
- **교토의정서의 미국 불참이 국제기후 변화레짐의 실효성에 미친 영향** 김영신, 한국행정학보 제43권 제2호, 2009
- **기후 변화에 대한 미·중의 입장 변화, 전 세계 경제의 '태풍의 눈' 될 수 있어** 이성규, 사이언스타임즈, 2013. 7. 5
- **기후변화 과학에 대한 공격** 빌 매키번, 창작과 비평, 2010년 여름호
- **기후변화 논쟁을 통해 본 환경과학의 역할과 성격** 박희제, ECO, 제12권 제1호, 2008
- **인류가 기후변화 해법 찾지 못하는 이유** 이정필, 일다, 2012. 5. 15
- **지구온난화는 착한 거짓말?** 신헌규 외, 매일경제, 2010. 2. 20
- **한국·세계시민들 "우리나라부터 온실가스 줄여야"** 김정수, 한겨레, 2015. 6. 9
- **IPCC 4차 보고서** IPCC, 2007

- **기상청 기후정보포털** www.climate.go.kr
- **기후변화센터** www.climatechangecenter.kr

7 765kV의 거인에 맞선 할매들 송전탑과 전력 관리

- **전자파가 내 몸을 망친다** 앤 루이스 기틀먼 지음, 윤동구 옮김, 랜덤하우스코리아, 2011
- **플러그를 뽑으면 지구가 아름답다** 후지무라 야스유키 지음, 장석진 옮김, 북센스, 2011

- **미국도 포기한 76만 5천볼트 송전선로, 왜 고집하나?** 하승수, 한겨레21, 2013. 7. 22
- **밀양 송전선 백혈병 유발 '위험 수치'** 김현철, 경남매일, 2013. 7. 29
- **블랙아웃** 전승민, 네이버캐스트, 2012. 8. 16
- **생활 속 전자파, 저감기술로 해결** 박경민·위대용, 전기신문, 2014. 9. 11
- **서울시 에너지절약실천사업 매뉴얼** 서울시 기후환경본부 에너지시민협력반, 2014
- **신고리~북경남 765kV 송전탑 대안 검토와 정책 제언** 장하나, 2013. 9

- 전자파와 인체 간 관계 규명 연구 '활발' 위대용 외, 전기신문, 2014. 9. 4
- 제5차 전력수급기본계획 지식경제부, 2010

- 한국전력 www.kepco.co.kr

8 원전이 정전되면 무슨 일이 벌어질까? 원자력발전

- 원자력 딜레마 김명자 지음, 사이언스북스, 2011
- 원자력 발전과 방사능 뉴턴코리아 편집부 엮음, 아이뉴턴, 2012
- 원자력과 방사선 이야기 윤실 지음, 전파과학사, 2010
- 원자력은 아니다 헬렌 칼디코트 지음, 이영수 옮김, 양문, 2007

- 물리의 이해 physica.gsnu.ac.kr
- 한국수력원자력 www.khnp.co.kr

9 머리에 구멍이 뚫린 소 광우병 문제

- 과학이 광우병을 말하다 유수민 지음, 지안, 2008
- 얼굴 없는 공포, 광우병 그리고 숨겨진 치매 콤 켈러허 지음, 김상윤·안성수 옮김, 고려원북스, 2007
- 죽음의 밥상 피터 싱어·짐 메이슨 지음, 함규진 옮김, 산책자, 2008

- 변형 프리온, 뇌에 도달하기 전에 자율신경 통해 광범위하게 퍼질 수 있어 건강과 대안, 2012
- PD수첩 광우병 보도 관련 1심, 2심, 대법원 판결문
- PD수첩 광우병 보도 관련 형사판결에 대한 평석 김남희, 언론과 법 제10권 제2호, 2011

- 생물학연구정보센터 www.ibric.org
- 질병관리본부 www.cdc.go.kr

10 과학 논쟁이 벌어질 때 과학자 윤리

- 과학 기술학의 세계 한국과학기술학회 지음, 휴먼사이언스, 2014
- 의혹을 팝니다 나오미 오레스케스·에릭 M. 콘웨이 지음, 유강은 옮김, 미지북스, 2012